• 特高压工程安全质量培训丛书

特高压变电工程安全文明施工
标准化手册

国家电网有限公司交流建设分公司　组编

中国电力出版社
CHINA ELECTRIC POWER PRESS

内 容 提 要

本书基于全局化、区域化管理理念，从总体要求、通用部分、办公区、交底及体感培训区、生活区、材料站及加工区、施工现场和办公事务系统等八个方面明确了特高压变电工程安全文明施工的要求、布置原则及标准，对特高压变电站工程现场安全文明施工规划及实施起到指导作用。

本书可作为特高压变电工程业主、监理、施工等单位进行安全教育的培训教材，750kV 及以下变电工程的安全文明施工均可参考使用。

图书在版编目（CIP）数据

特高压变电工程安全文明施工标准化手册 / 国家电网有限公司交流建设分公司组编 . —北京：中国电力出版社，2020.12
（特高压工程安全质量培训丛书）
ISBN 978-7-5198-5008-1

Ⅰ．①特…　Ⅱ．①国…　Ⅲ．①特高压输电–变电所–电力工程–施工管理–安全管理–手册
Ⅳ．①TM63-62

中国版本图书馆 CIP 数据核字（2020）第 184025 号

出版发行：中国电力出版社
地　　址：北京市东城区北京站西街 19 号（邮政编码 100005）
网　　址：http://www.cepp.sgcc.com.cn
责任编辑：刘丽平　张冉昕
责任校对：王小鹏
装帧设计：张俊霞　郝晓燕
责任印制：石　雷

印　　刷：三河市万龙印装有限公司
版　　次：2020 年 12 月第一版
印　　次：2020 年 12 月北京第一次印刷
开　　本：787 毫米×1092 毫米　16 开本
印　　张：11.5
字　　数：221 千字
印　　数：0001—1000 册
定　　价：70.00 元

编 委 会

编 写 组

前言

2020 年，国务院政府工作报告提出"加强新型基础设施建设，发展新一代信息网络，拓展 5G 应用，建设充电桩，推广新能源汽车，激发新消费需求、助力产业升级"，并明确"新基建"七大领域。特高压作为"新基建"七大领域之一，已上升到国家战略层面。在"一带一路"倡议下，国家电网有限公司不断加强与国际能源机构的合作，以"特高压"为骨干网架的全球能源互联网构想获得越来越多国内外专家和学者的认可，使特高压工程建设越来越受到外界关注。

2020 年，国家电网有限公司提出了建设"具有中国特色国际领先的能源互联网企业"的战略目标，体现了其作为国有大型央企的政治本色和责任担当，明确了能源互联网发展的根基、目标和途径。特高压作为能源互联网骨干网架必将成为国家电网有限公司工作的重中之重。

为适应新形势、新要求，国家电网有限公司提出了打造"特高压升级版"建设目标，提高了"特高压"现场安全文明施工规范化、标准化要求。为打造好"特高压"这张名片，服务于国家电网有限公司战略目标，依据国家工程建设与环境保护相关法律、法规、行业规定以及《国家电网有限公司输变电工程安全文明施工标准化管理办法》和《国家电网有限公司基建安全管理规定》的要求，在总结特高压交流工程安全文明施工管理经验的基础上，国家电网有限公司交流建设分公司组织编写了《特高压变电工程安全文明施工标准化手册》。

本书按照全局协调化、区域模块化、强制性与推荐性并重的原则，明确了安全文明施工的总体要求、布置原则及标准等。本书可作为特高压变电站工程现场安全文明施工的培训教材。750kV 及以下变电工程的安全文明施工可参考使用。

由于编者水平有限，书中难免存在不足和疏漏之处，敬请广大读者批评指正。

编　者
2020 年 8 月

目录

8 办公事务系统 _166

附录 引用标准及文件 _173

① 总体要求

1.1 管理要求

特高压变电工程安全文明施工标准化是指在规范特高压变电工程安全文明施工总体布置的基础上，进一步细化各区域的安全文明施工布置内容，实现整体与局部统一化、安全设施标准化、现场布置条理化、机料摆放定置化、作业行为规范化和环境影响最小化，营造良好的安全文明施工氛围，确保施工安全。

工程开工前建设管理单位应组织各参建单位编制特高压变电工程安全文明施工布置策划，明确区域模块划分、各区域实施责任单位及责任人、各区域布置内容及要求等。

（1）统一策划：建议管理单位统一组织领导，统一布置风格，统一开展策划，统一组织实施，检查各单位落实策划情况，开展相关考核工作。

（2）区域模块划分：特高压变电工程现场一般划分为办公区、生活区、材料站及加工区、施工现场区、交底及体感培训区。各区域内可再进行模块划分，各区域内的布置可根据实际情况进行动态调整。

（3）区域布置内容及要求：各模块布置与区域一致，各区域布置与总体一致。各区域内"应"布置设施指按照规程规范及通用制度要求现场必须按要求配足、配齐，各区域"宜"布置设施指根据现场实际情况选择配置的设施。

1.2 布置原则

1.2.1 区域布置原则

特高压变电工程安全文明施工布置要综合考虑工程特点、工程规模、区域分布、交叉作业等情况，既要满足安全技术的要求，又能达到营造安全氛围、提升作业人员安全意识的目的。安全文明施工布置应遵循以下原则：

（1）区域模块化原则。根据区域功能、作业位置、作业时段等情况，对现场建设所涉及的全部区域进行区域划分，区域隔离宜采用硬质围栏，各区域内可从实际考虑再进行小区域划分。

（2）局部服从整体原则。在特高压变电工程安全文明施工策划中应明确整体风格，如标牌颜色、规格、样式等，局部的策划、布置与整体协调一致。

（3）功能与形象并重原则。现场安全文明施工布置首先要服务安全管理需要，为现场施工安全提供必要的警示、防护等功能；同时，安全文明施工布置又要具有良好的视觉形象，营造和展现良好的安全文明施工氛围。

（4）动态调整与区域协调原则。现场施工区域内的安全文明施工布置要根据施工进展动态调整，按专业、工序协调布置，优化工序安排，减少交叉施工，避免相互影响。

1.2.2 标牌布置原则

（1）标牌规格尺寸统一。现场安全文明施工标牌规格尺寸应全站统一、区域协调。依据国家、行业有关标准及国家电网有限公司相关通用制度，本手册给出了各类标牌的参考规格尺寸。标牌的材质可根据实际情况进行合理选用。

（2）颜色及 Logo 统一。除有特殊要求外，各类标牌应统一使用"国网绿"（C00 M5 Y50 K40），在现场标牌左上角统一使用国家电网有限公司 Logo；"四牌一图"右下角注明××公司，其他公共区域标牌右下角注明工程名称。

（3）标牌布置类型统一。区域内包含"应"布置和"宜"布置的两种类型标牌。"应"布置的标牌应按规定进行布置，"宜"布置的标牌可根据区域大小、整体布局等情况进行布置，以"标牌布置数量与区域大小相宜"为原则，能够达到整体提升现场安全文明施工观感度，营造安全文明施工氛围，保障施工作业人员安全的目标实现，不过度增加布置以防其成为施工负担，但也不应缺项、漏项。

② 通 用 部 分

2.1 着　装

进入现场的管理人员及作业人员应穿着工作服，并佩戴夹式胸卡。同一单位在同一施工现场的员工应统一着装。严禁穿短袖、短裤、拖鞋进入现场，高处作业人员应衣着灵便，衣袖、裤脚应扎紧，穿软底防滑鞋。

2.2 劳 动 保 护

2.2.1　总体要求

严格落实《中华人民共和国安全生产法》和《国家电网有限公司输变电工程安全文明施工标准化管理办法》〔国网（基建/3）187〕文件中关于个人安全防护用品标准化配置的相关要求，根据不同作业工种及施工作业环境，为作业人员配备合格的防护用品。

2.2.1.1　作业人员一般防护

（1）作业人员进入施工现场应正确佩戴安全帽，穿工作鞋和工作服。

（2）对从事机械作业的女工及长发者（长发应挽起，不得披肩），应配备工作帽。对从事防水、防腐和油漆涂刷或喷涂作业的施工人员，应配备防毒面罩、防护手套和护目镜。

（3）对从事坑井、深沟、管道、隧道和金属容器内等有限空间作业的施工人员，应配备雨靴、手套、行灯照明（潮湿地带使用 12V 电压照明）、手电、安全绳、软梯等。从事混凝土浇筑、振捣和电动打夯作业的施工人员应配备绝缘鞋和绝缘手套。

（4）冬季施工期间或作业环境温度较低时，应为作业人员配备防寒类防护用品。雨期施工应为室外作业人员配备雨衣、雨鞋等防护用品。

（5）高原等特殊地区施工作业，应根据实际情况为作业人员配备相关防护用品。

2.2.1.2 特种作业人员防护

（1）从事高处作业的施工人员应佩戴安全带，宜使用全方位防冲击安全带。在垂直攀登过程中应配备攀登自锁器，高处短距离垂直移动或水平移动应配备速差自控器、两道防护绳和水平安全绳。

（2）带电和近电作业的施工人员应配备绝缘鞋、绝缘手套，必要时配备防静电服（屏蔽服）。从事手持电动工具作业的施工人员应配备绝缘鞋、绝缘手套，必要时配备防护眼镜。

（3）对从事焊接、气割作业的人员，应配备焊工工作服、专用焊工鞋和脚罩、专用焊工手套、防护面罩、防护眼镜。在高处进行焊接、气割作业时，应配备安全帽与面罩连接式焊接防护面罩和专用安全带。

（4）对在有尘毒危害环境内作业的施工人员，应配备相应的防毒面具（或正压式空气呼吸器）、防尘口罩、密闭式防护眼镜和氯丁防护手套。

2.2.2 配置要求

2.2.2.1 头部防护

安全帽用于作业人员头部防护。安全帽正前端帽檐上方应印有国家电网有限公司企业标志，并在背面加印所在单位企业简称及编号。安全帽实行分色管理，红色安全帽为管理人员使用，黄色安全帽为运行人员使用，蓝色安全帽为施工和试验人员使用，白色安全帽为外来参观人员使用。安全帽的正反面示例图如图 2−2−1 和图 2−2−2 所示。

图 2−2−1 安全帽正面示例图　　图 2−2−2 安全帽背面示例图

使用时应将安全帽戴正、戴牢，不能晃动，并系紧下颚带，调节好后箍以防脱落。

2.2.2.2 面部防护

面部防护用品有防护面罩、防尘口（面）罩、防毒口罩等。

防护面罩（见图2-2-3）用于防止粉尘、化学物质、热气、毒气、屑物等有害物质对眼睛和面部造成迎面侵害，可与防毒口罩、防尘口罩、工作帽配合使用，达到面部防护的目的。作业现场常用的电焊面罩可防止焊接、气割产生的飞屑、火星等对面部的伤害。

2.2.2.3 眼睛防护

防护眼镜（见图2-2-4）用于防止作业时产生的飞屑、强光和紫外光等对作业人员眼睛的伤害，使用前应做外观检查。

图2-2-3 防护面罩示例图

图2-2-4 防护眼镜示例图

2.2.2.4 手部防护

手部防护用品用于防护物理、化学和生物危害因素对手部的伤害，如防化学品手套、防静电手套、焊接手套、耐油手套等。手部防护应遵循《手部防护 防护手套的选择、使用和维护指南》（GB/T 29512—2013）、《劳动防护用品配置规定》（Q/GDW 11593—2016）等规定。

特高压变电工程建设现场常用于保护手部免受伤害或者防止触电伤害，可分为劳保手套和绝缘手套（见图2-2-5）两类。

（1）劳保手套。根据作业性质选用，通常选用帆布、棉纱手套；焊接作业应选用皮革或翻毛皮革手套。操作砂轮机、使

图2-2-5 绝缘手套示意图

用大锤或靠近机械转动部分时，严禁戴手套。

（2）绝缘手套。用于对高压验电、挂拆接地线、高压电气试验等作业人员的保护，使其免受触电伤害。应定期检验绝缘手套绝缘性能；使用前应进行外观检查，作业时须将衣袖口套入手套筒口内；使用后，应将手套内外擦洗干净，充分干燥后，涂撒滑石粉，在专用支架上倒置存放。

2.2.2.5　足部防护

足部防护用品用于保护足部免受各种伤害，应执行《个体防护装备足部防护鞋（靴）的选择、使用和维护指南》（GB/T 28409—2012）。

足部防护鞋（靴）包括防刺穿鞋（靴）、绝缘鞋（靴）、电焊接防护鞋等。对于环境中不同的足部伤害因素，可选择相应的防护鞋（靴）。

2.2.2.6　听力防护

听力防护用于防护超标噪声对听力的伤害，执行《护听器的选择指南》（GB/T 23466—2009）标准。一般情况下，应为从业人员配备耳塞、耳罩。

2.2.2.7　呼吸防护

呼吸防护用于避免作业人员缺氧和空气污染物进入呼吸道，执行《呼吸防护用品的选择、使用与维护》（GB/T 18664—2002）、《医用防护口罩技术要求》（GB 19083—2010）、《劳动防护用品配置规定》（Q/GDW 11593—2016）。特高压交流变电工程现场常用的呼吸防护用品有防尘口（面）罩、防毒口罩。

（1）防尘口（面）罩（见图2-2-6）用于防止可吸入颗粒物及烟尘对人体的伤害。根据作业内容及环境，选择防尘口罩或面罩。

（2）防毒口罩（见图2-2-7）用于防止施工人员在有尘毒危害环境内中毒或窒息。

图2-2-6　防尘口（面）罩示例图　　　　图2-2-7　防毒口罩示例图

2.2.2.8 身躯防护

身躯防护用于对身体躯干的防护，现场作业人员应根据作业要求选择配备全身防护型防护服、静电防护服、劳动防护雨衣、普通防护服等。从事特殊作业的人员必须穿着特殊的防护服。在邻近高压、强电场等作业的人员要穿着防静电服（屏蔽服），使用前应对屏蔽服进行外观检查，使用后应按规定清洁保管。

2.2.2.9 高空安全防护

（1）安全带。在坠落高度 2m 及以上高处作业的施工人员必须系紧安全带，宜使用全方位安全带。安全带应按规定定期试验，使用前进行外观检查，做到高挂低用，如图 2-2-8 和图 2-2-9 所示。

图 2-2-8 安全带示意图　　　　图 2-2-9 安全带使用示意图

（2）攀登自锁器（含配套缆绳或轨道）用于预防高处作业人员在垂直攀登过程发生坠落伤害，如图 2-2-10 所示。

图 2-2-10 轨道式攀登自锁器实物及应用实例

（3）速差自控器（防坠器）用于高处作业短距离移动时，为施工人员提供的全过程安全防护，如图2-2-11所示。

图2-2-11 速差自控器示例图

（4）水平安全绳用于高处作业人员水平移动过程中的防护，如图2-2-12所示。

图2-2-12 水平安全绳应用示例图

2.3 临时用电及照明

2.3.1 总体要求

2.3.1.1 方案编制及施工

现场施工用电应编制专项方案，方案中应包括施工用电平面布置图（见图2-3-1）、系统接线图等。施工用电设施应按批准的方案进行施工。施工用电设施安装、运行、维护应由专业电工负责，并应建立安装、维护、作业管理记录台账。

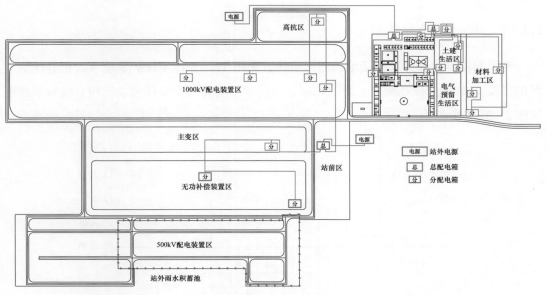

图 2-3-1　施工用电平面布置示例图（至分配电箱）

2.3.1.2　三级配电、二级保护

施工用电低压系统（380V/220V）实行三级配电（见图 2-3-2）和二级剩余电流动作保护，应设置总配电箱、分配电箱、末级配电箱（开关箱），总配电箱、末级配电箱应装剩余电流动作保护装置。当分配电箱直接控制用电设备或插座时，每台用电设备或插座应有各自独立的保护电器。

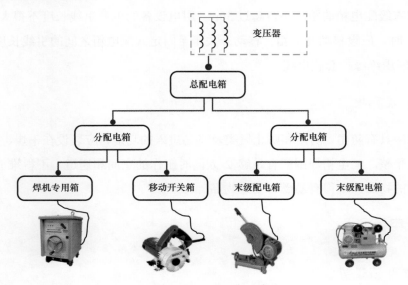

图 2-3-2　三级配电示意图

2.3.1.3 TN-S接零保护系统

专用变压器中性点直接接地的低压系统宜采用 TN-S 接零保护系统（三相五线制），保护零线（PE 线）应在配电系统的始端、中间和末端处做重复接地。三相五线制示意图如图 2-3-3 所示。

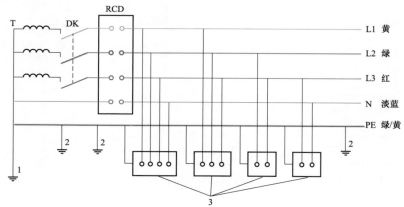

图 2-3-3　三相五线制示意图

1—工作接地；2—PE 线重复接地；3—电气设备金属外壳（正常不带电的外露可导电部分）；L1、L2、L3—相线；
N—工作零线；PE—保护零线；DK—总电源隔离开关；RCD—总漏电保护器（兼有短路、过载、
漏电保护功能的漏电断路器）；T—变压器

2.3.1.4 布置距离

总配电箱应设在靠近电源的区域，分配电箱应设在用电设备或负荷相对集中的区域，分配电箱与末级配电箱的距离不得超过 30m。用电设备的电源引线长度不得大于 5m，长度大于 5m 时，应设移动开关箱。移动开关箱至固定式配电箱之间的引线长度不得大于40m，且只能用绝缘护套软电缆。

2.3.1.5 布置环境

配电箱应具有防尘、防雨和防止鼠类及飞鸟进入的功能，应装设在干燥、通风场所，设置地点应平整。配电箱周围应有足够 2 人同时工作的空间和通道，不得堆放任何妨碍操作、维修的物品，不得有易燃、易爆物品。

2.3.2 配电箱

2.3.2.1 配电箱设置

同一施工单位同一工程项目配电箱箱体外表颜色应统一，在配电箱外部明显位置应

设置标识牌，标注用途、配电箱编号、"有电危险"警告标志及电工姓名、联系电话等，配电箱内应有分路标记及系统接线图。配电箱维修、检查时，应悬挂"禁止合闸，有人作业！"安全提示牌，配电箱附近应配备消防器材，如图2-3-4和图2-3-5所示。

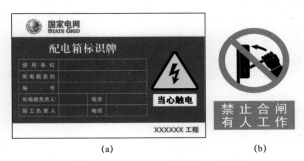

(a)   (b)

图2-3-4　配电箱设置示意图　　　　　图2-3-5　配电箱标牌示意图

（a）配电箱标识牌；（b）"禁止合闸，有人作业！"安全提示牌

2.3.2.2　箱体接地

配电箱的金属箱体、金属电器安装板以及电器正常不带电的金属底座、外壳等必须通过 PE 端子板与 PE 线做电气连接，金属箱门与金属箱体必须采用编织软铜线做电气连接，如图2-3-6所示。

2.3.2.3　进出线

配电箱中导线的进、出口应设在箱体的下底面，进、出线口应配置固定线卡并采用防火材料封堵；进出线应加绝缘护套并成束卡固在箱体上，不得与箱体直接接触。移动式配电箱、开关箱的进、出线应采用橡皮护套绝缘电缆，不得有接头，如图2-3-7所示。

图2-3-6　箱体接地示意图　　　　　图2-3-7　进出线加绝缘护套

2.3.2.4 箱体高度

固定式配电箱的中心与地面的垂直距离宜为1.4～1.6m。户外落地安装的配电箱其底部距离地面不应小于0.2m。

2.3.3 便携式卷线盘

便携式卷线盘（见图2-3-8）用于施工现场小型工具及临时照明电源，电缆线长度不得超过30m。

2.3.4 架空线路和电缆

低压架空线路不得采用裸线，导线架设高度不得低于2.5m；交通要道及车辆通行处，架设高度不得低于5m。现场直埋电缆的走向应按施工总平面布置图埋设，埋深不得小于0.7m，并应在电缆紧邻四周均匀敷设厚度不小于50mm的细砂；转弯处和大于等于50m直线段处，在地面上设明显的标志；通过道路时应采用保护套管。地下电缆标志示例图如图2-3-9所示。

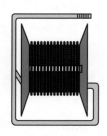 

图2-3-8 便携式卷线盘示意图   图2-3-9 地下电缆标志示例图

2.3.5 照明设施

2.3.5.1 施工照明设施

在坑、洞、井内作业、夜间施工或厂房、道路、仓库、材料堆放场及自然采光差等场所，应设一般照明、局部照明或混合照明。

现场照明应采用高光效、长寿命的照明光源。对需大面积照明的场所，应采用高压汞灯、高压钠灯或混光用的卤钨灯等。

大面积照明的场所施工作业区宜采用集中广式照明，局部照明宜采用移动立杆式灯架。集中广式照明灯具一般采用防雨式，底部采用焊接或高强度螺栓连接，确保稳固可靠。集中广式照明灯塔示例图如图2-3-10所示，灯塔应可靠接地。移动立杆式灯架可根据需要制作或购置，电缆绝缘良好，其示例图如图 2-3-11 所示。

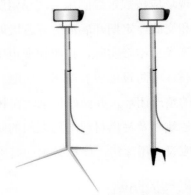

图 2-3-10　集中广式照明灯塔示例图　　　图 2-3-11　移动立杆式灯架示例图

2.3.5.2　临建办公室、生产场所照明设施

照明线路敷设应采用绝缘槽板、穿管或固定在绝缘子上，不得接近热源或直接绑挂在金属构件上；穿墙时应套绝缘套管，管、槽内的电源线不得有接头。

照明灯具的悬挂高度不应低于 2.5m，并不得任意挪动，低于 2.5m 时应设保护罩。照明灯具开关应控制相线。照明装置采用金属支架时，支架应稳固，并采取接地或接零保护。

综合楼、继电器、配电室、水泵房、临建办公室等场所要有充足和均匀的照度并避免反射眩光，照明采用嵌入式或固定式灯具，光源可采用节能荧光灯或 LED 光源。

GIS 移动式安装厂房内应采用大功率投光灯，同时用壁装三防灯加强重点场所局部照明，光源可采用金卤灯或 LED 光源。

户内消防应急及疏散指示照明宜采用带 IP 地址和通信控制能力的专用消防认证灯具。

2.3.5.3　应急照明设施

应急照明灯具宜设置在墙面上部、顶棚上方或出口顶端，宜选用自带蓄电池的应急照明灯具，且蓄电池的连续供电时间不应小于 60min。临时照明还应配备照明头灯（或手电筒）等设备。

2.4　消　防　设　施

2.4.1　消防总体要求

消防安全管理应坚持"预防为主、防消结合"的工作方针，坚持"谁主管谁负责、管业务必须管安全"，各项目部主要负责人是各自项目部消防安全责任人。

施工现场应按规定编制施工现场消防应急处置方案，作业前应对作业人员进行消防安全教育和交底，定期开展消防应急培训和演练，并做好记录。

施工现场应结合实际，按照输变电工程安全文明施工设施标准化配置要求配备消防设施及器材，消防设施应有防雨、防晒、防冻措施，并定期进行防火检查及巡查，做好火灾隐患的整改闭环，并做好记录。在林区、牧区施工，应遵守当地的防火规定。

各类建筑物及易燃材料堆场之间的防火间距应符合电力安全工作规程要求。易燃、易爆物品应设专用库房，库房必须远离明火作业区、人员密集区和建筑物相对集中区。

2.4.2　微型消防站

微型消防站一般配置一定数量的灭火器、水枪、水带等灭火器材，可选配消防头盔、灭火防护服、防护靴、破拆工具等器材，如图2-4-1所示。

2.4.3　手持式灭火器及灭火器箱

（1）干粉灭火器。主要用于扑救石油、有机溶剂等易燃液体、可燃气体和电气设备的初期火灾。手持式干粉灭火器如图2-4-2所示。

（2）泡沫灭火器。适用于扑灭桶装油品、管线、地面

图2-4-1　微型消防站示例图

的火灾。不适用于电气设备和精密金属制品的火灾。手持式泡沫灭火器如图2-4-3所示。

（3）二氧化碳灭火器。适用于精密仪器、电气设备以及油品化验室等场所的小面积火灾。手持式二氧化碳灭火器如图2-4-4所示。

图2-4-2　手持式干粉　　　图2-4-3　手持式泡沫　　　图2-4-4　手持式二氧化碳
　　　灭火器示例图　　　　　　　灭火器示例图　　　　　　　灭火器示例图

（4）灭火器箱。专门用于长期固定存放手持式灭火器的箱体。灭火器箱如图2-4-5所示。

2.4.4　手推式灭火器

手推式灭火器分为推车式干粉灭火器和推车式泡沫灭火器，一般分为35kg和50kg两种型号。由两人操作，常温下其工作压力为1.5MPa。手推式灭火器如图2-4-6所示。

图2-4-5　灭火器箱示例图

图2-4-6　手推式灭火器示例图

2.4.5　消防沙箱

消防沙箱应设置醒目的"消防沙箱"标志，配置消防桶、消防铲等消防设施使用。消防沙箱内消防沙必须干燥，储备量充足。消防沙箱如图2-4-7所示。

2.4.6　消防铲

消防铲手柄刷红色漆，用于铲洒消防沙、清除障碍物、清理现场及易燃物等。消防铲如图2-4-8所示。

图2-4-7　消防沙箱示例图

图2-4-8　消防铲示例图

2.4.7　消防水箱

消防水箱用于贮存扑灭初期火灾的用水。消防水箱如图2-4-9所示。

2.4.8　消防水桶

消防水箱桶体表面刷红色漆，标有"消防水桶119"标志，一般为半圆或全圆形。可用以盛水，扑灭一般物质的初起火灾；也可盛装黄沙，扑灭油脂、镁粉等燃烧物。消防水箱如图2-4-10所示。

图2-4-9　消防水箱示例图

图2-4-10　消防水桶示例图

2.4.9　消防斧

消防斧斧头为钢制，斧柄木质无腐朽并涂清漆。应贮存在干燥、通风、无腐蚀性化学物品的场所，用于清理着火或易燃材料。消防斧如图2-4-11所示。

2.4.10　消防器材柜

消防器材柜可放置消防斧头、消防铲、消防桶、灭火器、消防火钩等消防设备设施。消防器材柜如图2-4-12所示。

图2-4-11　消防斧示例图

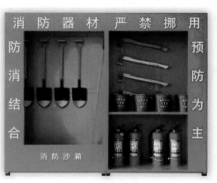

图2-4-12　消防器材柜示例图

2.5 环境保护和水土保持

变电站建设前，要按工程环境评估报告、水土保持方案及相关批复要求，结合工程实际情况，开展环境保护和水土保持（简称环水保）管理策划、专项培训及设计交底。建设过程中，严格落实固体废弃物处置、生活污水处理、控油、抑尘、降噪、土方处理、排水、植被恢复等环水保措施，确保不发生环境污染和水土流失事件。

2.5.1 固体废弃物处置

（1）措施要求：对建筑垃圾、生活垃圾进行分类收集；对垃圾进行集中清运处置，避免乱扔乱弃。垃圾分类收集示例图如图2－5－1所示，垃圾集中清运处置示例图如图2－5－2所示。

（2）适用区域：变电站作业区、办公区、生活区。

图2－5－1　垃圾分类收集示例图　　　图2－5－2　垃圾集中清运处置示例图

2.5.2 生活污水处理

（1）措施要求：站内工作场地设置移动卫生间，站内设置污水处理装置，生活污水经处理后用于站内绿化及浇洒，不外排；施工期间生活区、办公区设置临时污水处理设施，生活污水经处理合格后经临时排水沟散排或用污水处理车运至社会处理场地处理。各种生活污水处理设施如图2－5－3～图2－5－6所示。

（2）适用区域：变电站临建生活区、办公区、站内工作场地区。

2.5.3 油污染预防

（1）措施要求：施工期间加强变压器、电抗器滤油管理，防止滤油泄漏造成的环境污染；对柴油机、汽油机设备设置接油盒、吸油毡，防止废油污染土壤及地下水。全封闭滤油系统油罐布置如图2－5－7所示，接油盒、吸油毡如图2－5－8所示。

（2）适用区域：变电站现场作业区、材料加工区、滤油场。

图 2-5-3　永临结合污水处理设施示例图

图 2-5-4　施工现场移动式卫生间

图 2-5-5　砌筑土化粪池

图 2-5-6　污水处理车

图 2-5-7　全封闭滤油系统油罐布置

图 2-5-8　接油盒、吸油毡

2.5.4　噪声控制

（1）措施要求：施工过程中，用噪声检测仪进行监测（也可以采取在线监测）；如果超出允许值时应采取措施进行降噪处理；应尽量避免夜间施工产生噪声扰民。噪声检测仪如图 2-5-9 所示，现场噪声在线监测如图 2-5-10 所示。

（2）适用区域：变电站站区及邻近敏感点。

图 2-5-9 噪声检测仪　　　　　图 2-5-10 现场噪声在线监测

2.5.5　有毒有害气体控制

（1）措施要求：对 SF_6 气体进行专项安全管控，气瓶进行集中存放，对存放仓库的温度、湿度等进行监控；需要对 SF_6 气体进行回收处理时，要切实避免 SF_6 气体释放于空气中。在有限空间或密闭空间作业前，要先进行通风，再进行一氧化碳等有害气体检测，待各项指标合格后方可进入现场作业；对一氧化碳等有毒有害气体进行过程监控，当出现报警器报警时应立即停止作业并撤离现场。SF_6 气体集中存放区如图 2-5-11 所示，一氧化碳气体测量仪如图 2-5-12 所示。

（2）适用区域：SF_6 气体存放区、有限空间或密闭空间作业区。

图 2-5-11　SF_6 气体集中存放区　　　　　图 2-5-12　一氧化碳气体测量仪

2.5.6　施工扬尘抑制

（1）措施要求：对站区施工道路等区域采取洒水抑尘，对作业区采取雾炮机等喷雾抑尘，如图 2-5-13 和图 2-5-14 所示；对土方回填后的场地、堆土区用密目网隔盖抑尘，如图 2-5-15 和图 2-5-16 所示。

（2）适用区域：变电站作业区、运输道路。

图 2-5-13 洒水抑尘

图 2-5-14 雾炮机抑尘

图 2-5-15 密目网隔盖地面抑尘

图 2-5-16 扬尘监测

2.5.7 截排水系统

（1）措施要求：按照当地气候、地形、地质条件进行全站截排水系统设计，采取合适的雨水集中、排水管道、雨水收集、蒸发池、排水沟、消力池、沉砂池、截水沟等设计方式，如图 2-5-17～图 2-5-19 所示，避免站区水土流失。施工过程中应优化施工组织和工艺流程，及时进行排水系统施工。

（2）适用区域：变电站站区。

图 2-5-17 沉砂池

图 2-5-18　雨水井　　　　　　　　　　图 2-5-19　排水沟

2.5.8　表土保护及余土处理

（1）措施要求：场平施工前对变电站施工区域的表土进行剥离，集中堆放于合适位置，归方后用密目网覆盖抑尘，用于施工完毕后的土地整治和植被恢复；基坑开挖所产生的土方，集中堆放，并用密目网覆盖抑尘，根据设计要求及时落实余土外运、综合利用；灌注桩施工产生的泥浆及钻渣，经泥浆池沉淀后进行外运处理；对变电站周边地表土壤风蚀、水蚀情况进行监控。表土保护及余土处理措施如图 2-5-20～图 2-5-23 所示，土壤侵蚀情况监控及测量如图 2-5-24 所示。

图 2-5-20　表土剥离及堆放　　　　　　图 2-5-21　余土堆放

（2）适用区域：变电站场平及土建施工作业区。

图 2-5-22　泥浆沉淀及外运　　　　　　图 2-5-23　土方回填及场地平整

图 2-5-24　土壤侵蚀情况监控及测量

2.5.9　植被恢复

（1）措施要求：场地平整前对场地内的树木进行移栽；变电站土地整治完毕，在合适的季节按设计要求进行树木种植、草籽播撒等植被恢复措施，如图 2-5-25 和图 2-5-26 所示。

图 2-5-25　站内植物措施

图 2-5-26　透水砖植物措施

（2）适用区域：变电站主控楼区、补水池、站前区、护坡区域、围墙外临时占地区。

2.5.10　护坡和挡墙

（1）措施要求：按设计要求进行护坡、挡墙施工；对护坡采取绿化措施；采取合适的生态挡墙、生态护坡方式对一些易被水冲刷的边坡进行治理，如图 2-5-27～图 2-5-30 所示。

（2）适用区域：变电站站区。

图 2-5-27　浆砌块石挡墙

图 2-5-28　植生袋生态护坡

图 2-5-29　混凝土骨架植物护坡

图 2-5-30　六棱砖护坡

2.6　视　频　监　控

工程建设过程中，通过在施工现场设置若干固定和移动摄像头、硬盘录像机及控制系统，实现对现场安全文明施工全过程本地及远程监控，如图 2-6-1 所示。

图 2-6-1　施工场地全景监控

2.6.1 视频监控设备选型

根据特高压变电站现场监控需求，选择枪机、半球、球机及红外日夜两用摄像机等监控设备，并设置监控大屏实时查看。

（1）枪机摄像机：完成固定角度、固定距离的场地监控。可用于生活区、生产加工区及施工作业区等室外较为固定的区域内监控。枪机摄像机如图2-6-2所示。

（2）半球摄像机：可以吊装在天花板上，用于办公区、生活区及主控通信楼等室内小范围的监控。半球摄像机图2-6-3所示。

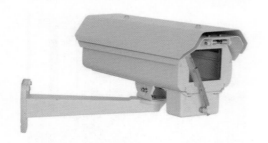

图2-6-2 枪机摄像机　　　　　　　　　图2-6-3 半球摄像机

（3）球摄像机：用于实时监控施工作业现场安全防护设施配备、作业人员个人安全防护用品佩戴、作业行为及施工环境保护等情况较为复杂、多变的综合性较强的场合，可固定安装也可移动使用。球摄像机如图2-6-4所示。

（4）红外日夜两用摄像机：用于进站大门、围墙、配电装置区及主变压器区等需要24h监控的区域。红外日夜两用摄像机如图2-6-5所示。

图2-6-4 球摄像机　　　　　　　　　图2-6-5 红外日夜两用摄像机

（5）监控大屏：在现场项目部宜设置监控屏，用于查看现场情况。监控大屏如图2-6-6所示。

图 2-6-6　监控大屏

2.6.2　视频监控设备的布置

2.6.2.1　安保监视

安保监视宜设置在办公区（至少一个检测点，装设枪机）、生活区（土建、电气至少各一个监测点，装设枪机），用于防火、防盗的监视，应现场就地存储，可不联网和集中监控。

2.6.2.2　施工作业监视

为满足国家电网有限公司现场视频接入工作和主设备安装过程监控要求，需要联网集中监控，具备接入上级单位监控平台条件，可远程对话，设备位置包括：

（1）生产加工区（土建、电气至少各一个监测点，装设枪机）。

（2）施工作业区。

1）进站道路（至少一个检测点，装设枪机）；

2）围墙（各拐角点设置一个检测点，装设枪机）；

3）站前区（包括备品备件库、主控通信楼、综合水泵房，各设置一个监测点，装设球机，覆盖站前区）；

4）1000kV 配电装置区（包括构架、GIS、高压电抗器、继电器室、站用电室，结合场地长度条件，每 200m 设置一个监测点，装设球机）；

5）主变压器及 110kV 区（变压器组、继电器室的每组主变压器设一个监测点，装设球机）；

6）500kV 配电装置区（包括构架、GIS、继电器室，结合场地长度条件，每 200m 设置一个监测点，装设球机）。

（3）根据规模宜配置 2～4 台移动球机。

2.7 安 全 标 志

2.7.1 标志分类和示意

安全标志分为警告、禁止、指令和提示四大类型。多个标志牌在一起设置时，应按警告、禁止、指令、提示类型的顺序，先左后右、先上后下排列。

2.7.1.1 警告标志

警告标志是提醒人员对周围环境引起注意，以避免可能发生危险的图形标志，其基本形式是正三角形边框，黄底黑框。

（1）注意安全：设置在易造成人员伤害的场所及设备等，见图2-7-1。

（2）当心火灾：设置在易发生火灾的场所如可燃性物质生产、储运、使用等地点，见图2-7-2。

图2-7-1 注意安全

图2-7-2 当心火灾

（3）当心触电：设置在有可能发生触电危险的电气设备和线路，如配电箱和带电设备等，见图2-7-3。

（4）当心坑洞：设置在具有坑洞易造成伤害的作业地点，如构件的预留孔洞及各种深坑的上方等，见图2-7-4。

图2-7-3 当心触电

图2-7-4 当心坑洞

（5）当心坠落：设置在易发生坠落事故的作业地点，如脚手架、高处作业等，见图2-7-5。

（6）当心爆炸：设置在容易发生爆炸的危险场所，如易燃易爆物质的生产、储运、使用等地点，见图2-7-6。

图 2-7-5　当心坠落

图 2-7-6　当心爆炸

（7）当心电缆：设置在暴露的电缆或地面下有电缆处施工的地点，见图 2-7-7。

（8）当心自动启动：设置在配有自动启动装置的设备旁，见图 2-7-8。

图 2-7-7　当心电缆

图 2-7-8　当心自动启动

（9）当心机械伤人：设置在易发生机械卷入、剪切等机械伤害的作业地点，见图 2-7-9。

（10）当心塌方：设置在有塌方危险的地段、地区，如土方作业的深坑、深槽等处，见图 2-7-10。

图 2-7-9　当心机械伤人

图 2-7-10　当心塌方

（11）当心落物：设置在易发生落物危险的地点，如高处作业、立体交叉作业的下方，见图 2-7-11。

（12）当心吊物：设置在有吊装设备作业的场所，如施工工地等，见图 2-7-12。

图 2-7-11　当心落物

图 2-7-12　当心吊物

（13）当心碰头：设置在可能发生碰头的场所，见图2-7-13。

（14）当心伤手：设置在易造成手部伤害的作业地点，如木制加工等地点，见图2-7-14。

图2-7-13 当心碰头

图2-7-14 当心伤手

（15）当心扎脚：设置在易造成脚步伤害的作业地点，如施工工地等，见图2-7-15。

（16）当心弧光：设置在能发生由于弧光造成眼部伤害的各种焊接作业场所，见图2-7-16。

图2-7-15 当心扎脚

图2-7-16 当心弧光

（17）当心叉车：设置在有叉车通行的场所，见图2-7-17。

（18）当心车辆：设置在厂内车和人混合行走的路段，如道路的拐角、平交路口等处，见图2-7-18。

图2-7-17 当心叉车

图2-7-18 当心车辆

（19）当心障碍物：设置在地面有障碍物，绊倒易造成伤害的地点，见图2-7-19。

（20）当心跌落：设置在易于跌落的地点，如台阶等处，见图2-7-20。

图2-7-19 当心障碍物

图2-7-20 当心跌落

（21）当心滑倒：设置在易造成伤害的滑跌地点，如地面有油、冰、水等物质及滑坡处，见图2-7-21。

图2-7-21　当心滑倒

2.7.1.2　禁止标志

禁止标志是禁止人员不安全行为的图形标志，其基本形式是带斜杠的圆边框，白底红框。

（1）禁止吸烟：设置在甲、乙、丙类火灾危险物质的场所和禁止吸烟的公共场所，如木工车间等处，见图2-7-22。

（2）禁止烟火：设置在甲、乙、丙类火灾危险物质的场所和禁止吸烟的公共场所，如施工工地等，见图2-7-23。

图2-7-22　禁止吸烟

图2-7-23　禁止烟火

（3）禁止带火种：设置在甲、乙、丙类火灾危险物质的场所和禁止吸烟的公共场所，见图2-7-24。

（4）禁止用水灭火：设置在生产、储运、使用中有不准用水灭火的物质的场所，如变压器室等，见图2-7-25。

图2-7-24　禁止带火种

图2-7-25　禁止用水灭火

（5）禁止放置易燃物：设置在具有明火设备或高温的作业场所，如动火区、焊接车间等，见图2-7-26。

（6）禁止堆放：设置在消防器材存放处、消防通道及车间主通道等场所，见图2-7-27。

图2-7-26　禁止放置易燃物

图2-7-27　禁止堆放

（7）禁止启动：设置在暂停使用的设备附近，如设备检修、更换零件时，见图2-7-28。

（8）禁止合闸：设置在设备或线路检修时，相应开关附近，见图2-7-29。

图2-7-28　禁止启动

图2-7-29　禁止合闸

（9）禁止转动：设置在检修或专人定时操作的设备附近，见图2-7-30。

（10）禁止叉车和其他厂内机动车辆通行：设置在禁止叉车和其他厂内机动车辆通行的作业场所，见图2-7-31。

图2-7-30　禁止转动

图2-7-31　禁止叉车和其他厂内机动车辆通行

（11）禁止靠近：设置在靠近危险的区域，如高压试验区、高压线、输变电设备附近，见图2-7-32。

（12）禁止入内：设置在易造成事故或对人员有伤害的场所，如高压设备室，见图2-7-33。

图 2-7-32　禁止靠近

图 2-7-33　禁止入内

（13）禁止推动：设置在易于倾倒的装置或设备附近，见图 2-7-34。

（14）禁止停留：设置在对人员具有直接危害的场所，如粉碎场地、危险路口等，见图 2-7-35。

图 2-7-34　禁止推动

图 2-7-35　禁止停留

（15）禁止通行：设置在有危险的作业区，如起重现场、爆破现场、道路施工工地等，见图 2-7-36。

（16）禁止跳下：设置在不允许跳下的危险地点，如深沟、深地等处，见图 2-7-37。

图 2-7-36　禁止通行

图 2-7-37　禁止跳下

（17）禁止倚靠：设置在不能倚靠的地点或部位，见图 2-7-38。

（18）禁止坐卧：设置在高温、腐蚀性、塌陷、坠落、翻转、易损等易于造成人员伤害的设备设施地面，见图 2-7-39。

图 2-7-38　禁止倚靠

图 2-7-39　禁止坐卧

（19）禁止蹬踏：设置在高温、腐蚀性、塌陷、坠落、翻转、易损等易于造成人员伤害的设备设施地面，见图 2-7-40。

（20）禁止触摸：设置在禁止触摸的设备或物体附近，如裸露的带电体，炽热物体，具有毒性、腐蚀性物体等处，见图 2-7-41。

图 2-7-40　禁止蹬踏　　　　　　　　　　图 2-7-41　禁止触摸

（21）禁止抛物：设置在抛物易伤人的地点，如高处作业现场、深沟坑等处，见图 2-7-42。

（22）禁止戴手套：设置在戴手套易造成手部伤害的作业地点，如旋转的机械加工设备附近，见图 2-7-43。

图 2-7-42　禁止抛物　　　　　　　　　　图 2-7-43　禁止戴手套

2.7.1.3　指令标志

指令标志是强制人员必须做出某种动作或采用防范措施的图形标志，其基本形式是圆形蓝色边框。

（1）必须戴防护眼镜：设置在对眼镜有伤害的各种作业场所和施工场所，见图 2-7-44。

（2）必须戴安全帽：设置在头部易受外力伤害的作业场所，如施工现场入口处，见图 2-7-45。

图2-7-44　必须戴防护眼镜

图2-7-45　必须戴安全帽

（3）必须系安全带：设置在易发生坠落危险的作业场所，如高处作业等处，见图2-7-46。

（4）必须接地：设置在防雷、防静电场所，见图2-7-47。

图2-7-46　必须系安全带

图2-7-47　必须接地

（5）必须戴护目镜：设置在存在紫外、红外、激光等光辐射的场所，如电气焊等，见图2-7-48。

图2-7-48　必须戴护目镜

2.7.1.4　提示标志

提示标志是向人员提供某种信息的图形标志，其基本形式是正方形边框，绿色。

（1）紧急出口：设置在便于疏散的紧急出口处，与方向箭头结合设在通向紧急出口的通道、楼梯口处，见图2-7-49。

（2）可动火区：设置在可使用明火的地点，见图2-7-50。

图 2-7-49　紧急出口

图 2-7-50　可动火区

（3）急救点：设置现场急救仪器、设备及药品的地点，见图 2-7-51。

（4）应急电话：设置在安装应急电话的地点，见图 2-7-52。

图 2-7-51　急救点

图 2-7-52　应急电话

2.7.2　安全标志牌的要求

2.7.2.1　衬边要求

安全标志牌要有衬边，除警告标志边框用黄色勾边外，其余全部用白色将边框勾出窄边，即为安全标志的衬边，衬边宽度为标志边长或直径的 0.025 倍。

2.7.2.2　材质要求

安全标志牌应采用坚固耐用的材料制作，一般不宜使用遇水变形、变质或易燃的材料。有触电危险的场所应使用绝缘材料。

2.7.2.3　质量要求

安全标志牌应图形清楚，无毛刺、孔洞和影响使用的任何疵病。

2.7.2.4　设置高度

安全标志牌的设置高度应尽量与人眼的视线高度一致，局部信息标志的设置高度应视具体情况确定。

2.7.2.5 文字辅助标志的基本形式

矩形边框有横写和竖写两种。横写时，文字辅助标志写在标志的下方，可以和标志相连，也可以分开。禁止、指令为白色字，警告为黑色字；禁止、指令衬底为标志的颜色，警告衬底为白色。矩形边框（横写）例图见图 2-7-53。竖写时，文字辅助标志写在标志杆的上部，白色衬底，黑色字，字体均为黑体。标志杆下部色带的颜色应和标志的颜色相一致。矩形边框（竖写）例图见图 2-7-54。

图 2-7-53 矩形边框（横写）例图

2.7.2.6 使用要求

标志牌应设置在与安全有关的醒目位置，并使大家看见后有足够的时间来注意它所展示的内容。标志牌不应设置在门、窗、架等可以移动的物体上，以免标志牌随母体物体移动，标志牌前不得放置妨碍认读的障碍物。多个标志牌在一起设置时，应按警告、禁止、指令、提示类型的顺序，先左后右、先上后下地排列。

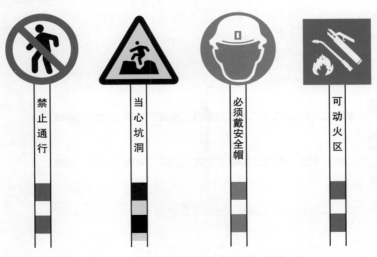

图 2-7-54 矩形边框（竖写）例图

2.8 安 全 围 栏

从功能上划分，变电工程安全围栏分为三种：固定防护围栏、区域防护围栏和临时围栏。

（1）固定防护围栏：适用于新建变电站临时围墙，设备周围及生产现场平台、人行通道、升降口、大小坑洞、楼梯等有坠落危险的场所。

（2）区域隔离围栏：用于区域划分，适用于变电站设备区与生活区的隔离、设备区间的隔离、改（扩）建施工现场与运行区域的隔离。区域隔离围栏分为全封闭安全围栏、隔离网墙和隔离围栏。

（3）临时围栏：适用于变电站有可能高处落物的场所、工作现场与运行设备的隔离、工作现场规范工作人员活动范围、检修现场安全通道、脚手架搭拆现场、现场临时起吊场地、高压试验场所、安全通道或沿平台边缘部位因检修产出常设栏杆的场所、事故现场保护、临时打开的孔洞周围等。

2.8.1 钢管扣件组装式安全围栏（围栏 A–01）

（1）适用范围：可作为固定防护围栏或区域隔离围栏。常用于相对固定的施工区域（材料站、加工区等）的划定、临空作业面（包括坠落高度 1.5m 及以上的基坑）的护栏及直径大于 1m 无盖板孔洞的围护。

（2）结构及形状：采用钢管及扣件组装，其中立杆间距为 2.0～2.5m，高度为 1.2m（中间距地 500～600mm，高处设一道横杆），杆件强度应满足安全要求，杆件红白油漆涂刷、间隔均匀、尺寸规范。红白油漆长度应为 200mm，如图 2–8–1 和图 2–8–2 所示。

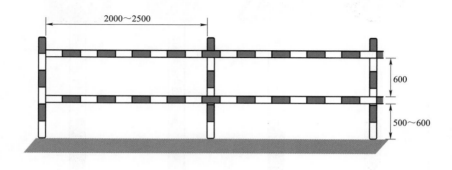

图 2–8–1 钢管扣件组装式安全围栏结构及形状

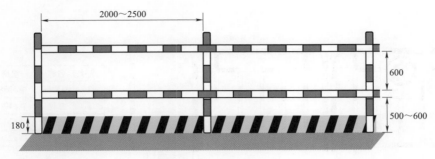

图 2-8-2　钢管扣件组装式安全围栏用于临空作业面时的结构及形状

（3）用于临空作业面（如基坑开挖、楼梯临时安全围栏等）时，临空作业面应设置高 180mm 的挡脚板。

2.8.2　格栅式围栏（围栏 A-02）

（1）适用范围：可作为区域隔离围栏，用于主通道两侧，如图 2-8-3 所示。

图 2-8-3　格栅式围栏结构及形状

（2）结构及形状：组装式栏杆，高度 1.0m，配合安全标志牌使用。

2.8.3　门形组装式安全围栏（围栏 A-03）

（1）适用范围：可作为固定防护围栏或区域隔离围栏。适用于相对固定的施工区域、安全通道、重要设备保护、带电区分界、高压试验等危险区域的划分，也常用于配电箱的固定防护隔离。

（2）结构及形状：采用围栏组件与立杆组装方式，钢管红白油漆涂刷、间隔均匀、尺寸规范。安全围栏的结构、形状及尺寸如图 2-8-4 所示。

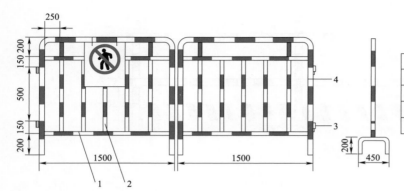

图2-8-4　门形组装式安全围栏的结构、形状及尺寸示意图

序号	名称	规格	材质
1	围栏框	≥φ25×2	Q235
2	立杆	≥φ10×2	Q235
3	套管	≥φ20×2	Q235
4	立杆管	≥φ25×2	Q235

单位：mm

2.8.4　安全隔离网（围栏A-04）

（1）适用范围：适用扩建工程施工区与带电设备区域的临时隔离。

（2）结构及形状：采用立杆和隔离网组成，其中立杆跨度为2.0～2.5m，高度为1.05～1.5m，立杆应满足强度要求（场地狭窄地区宜选用绝缘材料），隔离网应采用绝缘材料，并应在隔离网的明显部位悬挂"止步，高压危险"的安全标志。安全隔离网的结构、形状如图2-8-5所示。

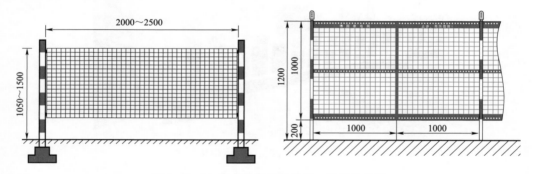

图2-8-5　安全隔离网的结构、形状示意图

2.8.5　隔离网墙（围栏A-05）

（1）适用范围：用于固定防护围栏。适用于变电站临时围墙，扩建工程施工区与运行设备区域的硬隔离。

（2）结构及形状：隔离网墙的网格应使用钢网或塑钢网，立柱应采用不小于40mm×40mm的角钢、不小于φ40mm的钢管或槽钢。围栏高度不低于1.8m，且做好防倾覆措施。隔离网墙结构及形状如图2-8-6所示。

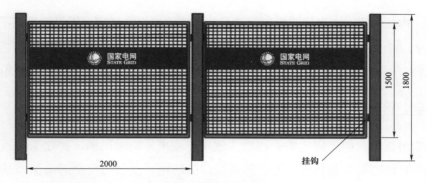

图 2-8-6　隔离网墙结构及形状示意图

2.8.6　提示遮栏（围栏A-06）

（1）适用范围：用于临时围栏。常用于施工区域的临时隔离和提示（如变电站内施工作业区、吊装作业区、各类脚手架搭拆作业区、高压试验区、电缆沟道及材料设备临时堆放区等围护）。提示遮栏结构及形状如图2-8-7所示。

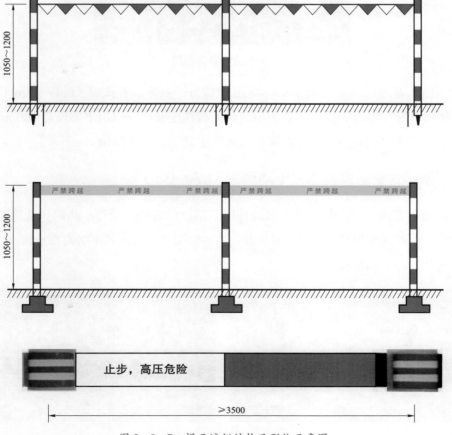

图 2-8-7　提示遮栏结构及形状示意图

（2）结构及形状：由立杆和提示绳（带）组成。围栏立杆宜采用绝缘管或不锈钢管制作，高度为 1.05～1.20m，立杆表面应涂有红白相间反光漆。用于室内的临时围栏立杆可采用不锈钢管制作，不锈钢管立杆无需红白相间色；提示绳（带）可以选择三角旗绳或警示带。

2.8.7 全封闭安全隔离围挡（A-07）

（1）适用范围：用于固定防护围栏。适用于变电站临时围墙，扩建工程施工区与运行设备区域的硬隔离以及其他需要全封闭隔离的场地。全封闭安全隔离围挡结构及形状如图 2-8-8 所示。

图 2-8-8 全封闭安全隔离围挡结构及形状示意图

（2）结构及形状：采用 40mm×60mm 镀锌方形钢管，宜按照 3.0m×1.8m（宽×高）组合焊接成"日"字形框架，外部使用蓝色瓦楞铁皮铆固，围挡下部留有 200mm 空隙，并在每个立杆的内侧采用斜支撑焊接、入地固定措施，防止倾倒。

2.8.8 伸缩式安全隔离围栏（隔离带）（A-08）

（1）适用范围：用于临时性、机动性较强部位的防护。适用于临时作业围护，启动调试期间室内存在频繁更换位置，多次开启、关闭围栏的场所。伸缩式安全隔离围栏（隔离带）如图 2-8-9 所示。

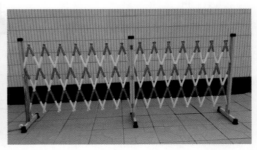

图 2-8-9 伸缩式安全隔离围栏（隔离带）

（2）结构及形状：采用 40mm×60mm 镀锌方形钢管或玻璃钢，宜按照 2.5m×1.2m（宽×高）组合成条形围挡框架，底部设置有防滑胶垫。隔离带可印制"止步，高压危险""禁止进入"等标识。

3

办 公 区

3.1 总 体 要 求

（1）办公区应按照安全可靠、经济适用的原则进行布置。选址前应深度踏勘，选择地质条件稳定、光照充足、通风良好、易于排水、通行方便的地区。办公区位置宜紧邻变电站，与生活区、施工区相对独立；特殊情况下设置在站址内时，不得影响当期正常施工。办公区设置应结合当地人文风貌、项目规模，以有利施工、方便办公、易于管理为目的进行规划建设。

（2）办公区应按照统一规范、封闭、卫生、安全的原则进行管理。办公区应封闭合围，内部动线流畅，出口唯一。公共区域及绿化维护应专人负责。按照消防管理规范，配置满足办公区需求的消防器材。办公区房屋在对角可靠接地，应具有抗风防雨措施。各项目部区域均应分工明确，确保整洁大方，为工程管理提供舒适的办公环境。

（3）办公区功能应划分合理，房间数量充足，办公及配套设施配置齐全，满足各项目部人员办公需求。在适宜位置应设置公示栏、宣传栏，营造安全文明生产氛围。

3.2 总 体 布 置

3.2.1 办公区总平面布置

3.2.1.1 办公区总平面布置的原则

（1）场地、房屋布置应合理、紧凑，功能分区有序、适用，满足现场消防及人员安全疏散要求。

（2）室外广场区除绿化外，广场地坪均应做硬化处理，宜铺设地砖，场地排水措施齐备、功能齐全。

（3）房屋可选用单层彩钢板、双层彩钢板或集装箱式等型式，采用彩钢板夹层必须采用阻燃材料，燃烧性能等级应为 A 级，由专业厂家设计、建造。

3.2.1.2 办公区总平面布置的主要内容

（1）区域包含功能设施（停车场、创新及样板展示区、宣传栏等）、办公设施（会议室、办公室、档案室、活动室等，部分房间可合并使用）、附属设施（洗手间、配电室及污水处理等）。

（2）创新及样板展示区、宣传栏宜设置在办公区大门口两侧，卫生间设置应远离常驻人员房间位置，尽量靠近会议室等人员密集场所，垃圾桶根据需要布置在大门、会议室等附近。

（3）房间配置数量可参考表 3-2-1，具体根据实际需要、现场地形条件等因素设置房间数量和大小。

表 3-2-1   房 间 配 置 设 施 表

序号	区域名称	数量（间）
1	大会议室（职工夜校）	1
2	小会议室（图书阅览室、党员活动室）	1
3	接待室	1
4	业主办公室	3
5	监理办公室	2
6	施工办公室	6*
7	物资办公室	1
8	设计办公室	1
9	属地协调办公室	1
10	资料档案室	1
11	应急物资室	1
12	洗手间	2
合计		21

* 考虑 2 家施工单位数量。

3.2.2 典型方案

办公区总体布置应提前统一策划，典型布置方案如下。

（1）单层彩钢板式建设方案的临建占地为 53m×48m，可根据场地实际情况调整，如图 3－2－1 所示。

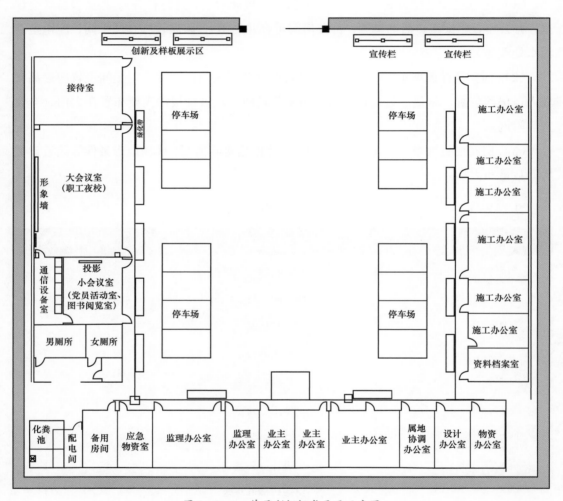

图 3－2－1 单层彩钢板式平面示意图

（2）双层彩钢板式建设方案的临建占地为 35m×48m，可根据场地实际情况调整，如图 3－2－2 所示。

（3）集装箱式建设方案的临建占地为 54m×14m，可根据场地实际情况调整，如图 3－2－3 所示。

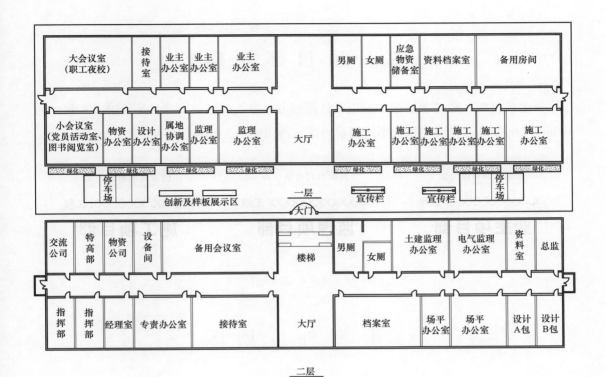

图 3-2-2 双层彩钢板式平面示意图

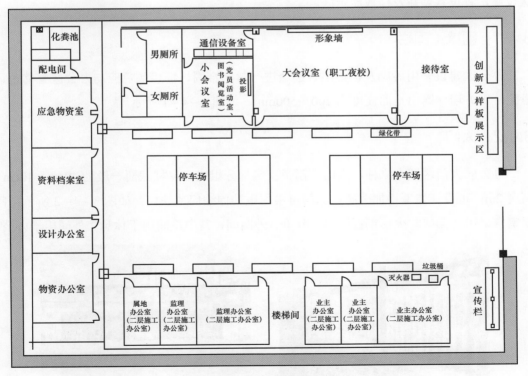

图 3-2-3 集装箱式平面示意图

3.3 项目部铭牌

业主项目部、监理项目部、施工项目部的办公室入口应设立项目部铭牌，其尺寸为400mm×600mm，宜采用拉丝不锈钢材质，示例图如图3-3-1所示。

国家电网有限公司 STATE GRID CORPORATION OF CHINA	国家电网有限公司 STATE GRID CORPORATION OF CHINA	国家电网有限公司 STATE GRID CORPORATION OF CHINA
XXXXXXXXXXXX 工程	XXXXXXXXXXXX 工程	XXXXXXXXXXXX 工程
业主项目部	**监理项目部**	**施工项目部**

图 3-3-1 项目部铭牌式样示例图

3.4 室外广场区

办公区应封闭合围，并在室外合适位置设置停车场、宣传标牌，配备消防设施和环保设施，宜设置创新及样板展示区。

3.4.1 围墙（围栏）

办公区建议采用砖砌及栅栏混合围墙进行封闭合围，栅栏颜色应与办公区整体色调搭配，下方墙体露出地面高度为200～500mm，如图3-4-1所示。

3.4.2 大门

办公区大门区域由立柱、大门和门卫室等部分组成，立柱截面一般为40cm×40cm、高度2m，可设计造型增加美感；大门可采用电动伸缩门或铁门，如图3-4-2所示；门卫室宜采用砖砌或防火彩钢板屋面，分里、外两间，其中里间用于休息、外间用于办公。

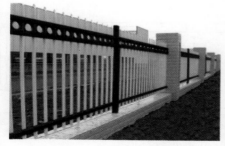

图 3-4-1 办公区围墙示意图

图 3-4-2 办公区大门示意图

3.4.3 标牌

办公场区应在室外适当位置设置宣传标牌，包括但不限于办公区域责任牌、三级及以上施工现场风险管控公示牌、分包公示牌等。

3.4.3.1 标牌尺寸

除特殊要求外，标牌尺寸宜为 1200mm×1800mm，总高度为 2200mm，以国网绿为基色，宜采用彩喷绘制；框架、立柱、支撑件宜采用不锈钢结构。办公区标牌式样及效果示例图如图 3-4-3 和图 3-4-4 所示。

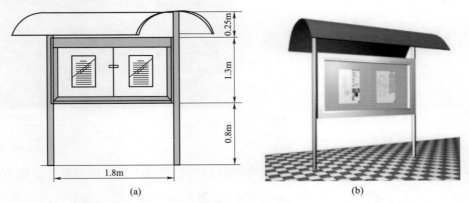

图 3-4-3 办公区标牌式样及效果示例图
（a）尺寸图；（b）效果图

3.4.3.2 标牌内容

（1）办公区域责任牌。办公区应设置区域责任牌，要求明确办公区域消防、保卫等责任人及其职责，明确办公区域管理制度，如图 3-4-5 所示。

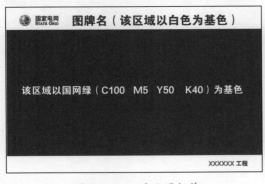

图 3-4-4 办公区标牌

图 3-4-5 办公区域责任牌

（2）三级及以上施工现场风险管控公示牌。办公区域应设置三级及以上施工现场风险管控公示牌，要求公示三级及以上风险作业地点（地理位置）、作业内容、风险等级、工作负责人、现场监理人员、计划作业时间等，三、四、五级风险分别对应颜色为黄、橙、红，用彩色色块贴于图中，要求根据实际情况及时更新，如图3-4-6所示。

（3）分包公示牌。办公区域应设置分包公示牌，要求公示工程分包单位名称、合同编号、分包作业时间、分包负责人、作业层骨干人员配置、分包内容（含分包性质），如图3-4-7所示。

图3-4-6　三级及以上施工现场风险管控公示牌　　　　图3-4-7　分包公示牌

（4）环水保管控要素及措施公示牌。办公区域应设置环水保管控要素及措施公示牌，内容应公示工程环水保"18项管控关键要素"、环水保"四全管控"及"四不放行"内容，如图3-4-8所示。

（5）应急联络牌。办公区域应设置应急联络牌，内容应包含公示现场应急工作组主要成员的姓名、应急联络电话号码、值班电话号码、应急救援电话、应急救援路径图等，如图3-4-9所示。

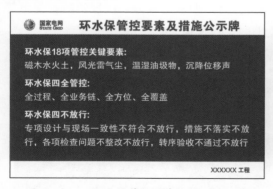

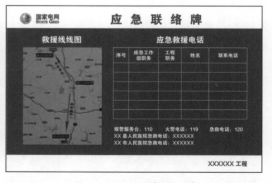

图3-4-8　环水保管控要素及措施公示牌　　　　图3-4-9　应急联络牌

（6）公告牌。办公区宜设置公告牌，可包含公示栏、光荣榜和曝光栏，公示栏公示工程发文和相关奖惩制度，光荣榜主要宣传在"创先争优""立功竞赛"等活动中获得表彰的人员事迹，曝光栏主要通报工程建设管理过程中的典型违章，如图3-4-10所示。

（7）安全质量学习牌。办公区域宜设置安全质量学习牌，内容可分上下栏设置，上栏为指导工程安全、质量管理的相关文件，下栏为开展培训学习的活动照片，可采用A4硬塑胶预留文件或照片插入相应位置，如图3-4-11所示。

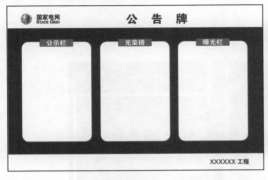

图3-4-10 公告牌

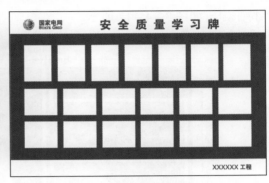

图3-4-11 安全质量学习牌

（8）企业文化宣传牌。办公区域应设置企业文化宣传牌，宣传企业文化、介绍参建单位、展示项目团队照片等，其样式可结合工程实际，灵活采用组合式标牌。

3.4.4 消防设施

办公区应符合消防要求，配备灭火器等消防器材，消防设施应采取防雨、防晒、防冻措施，并定期进行检查，确保有效，消防器材应放置在明显、易取处。灭火器放置每组间隔不应大于25m，同时在会议室、接待室、职工书屋等人员相对集中场所，应在门口单独配备灭火器。依据《建设工程施工现场消防安全技术规范》（GB 50720—2011），办公区灭火器最低配置标准及配置数量应符合表3-4-1的要求。

表3-4-1　　　　　　　　办公区灭火器最低配置标准及配置数量

项目	固体物质火灾	
	单位灭火器最小灭火级别（A）	单位灭火级别最大保护面积（m²/A）
灭火器最低配置标准	1	100
灭火器最大保护距离（m）	25	

3.4.5 环保措施

办公场区应根据实际情况适当设置绿化带、花坛和种植花草树木，在进站大门处、会议室、接待室及办公区其他合适位置均应放置分类垃圾桶（式样可自行购置但应标明种类），如图 2 − 5 − 1 所示。

3.4.6　停车场区

办公场区应在合适位置设置停车场，并标示停放车辆的车位线，车辆应停放整齐、保持干净，如图 3 − 4 − 12 所示。

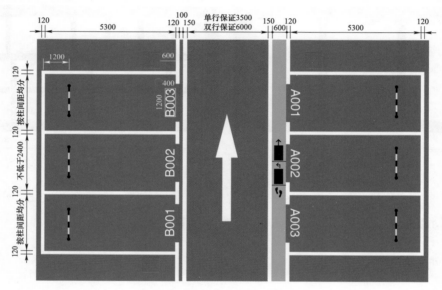

图 3 − 4 − 12　停车位示意图

3.4.7　创新及样板展示区

办公区宜设置创新及样板展示区展示新材料、新技术、新工艺、实体样板等，采用标牌、多媒体等形式对其进行说明，如图 3 − 4 − 13 所示。

图 3 − 4 − 13　创新及样板展示区示意图

3.5 大会议室（职工夜校）

3.5.1 设置原则

工程项目办公区应设置大会议室，可兼做职工夜校使用，会议室设置应规范整齐，办公设施齐全。大会议室用于召开工程安委会、月度例会及工程协调会等大型会议，并配置视频会议设备，新建工程的大会议室容纳人数不低于80人（扩建工程的大会议室容纳人数不低于40人）。同时，大会议室还包含宣传展示功能，将工程项目安全文明施工组织机构图、安全文明施工管理目标、工程施工进度横道图和应急联络牌等设置上墙。

3.5.2 布置要求

大会议室（职工夜校）入口应设立标牌，室内设施应包含上墙标牌、主席台、会议桌椅、背景图等，配备空调和多媒体设备（包括投影仪、电子显示屏、音响），其典型布置方案如图3-5-1所示。除特殊说明外，图牌尺寸宜为900mm×600mm，以国网绿为基色，宜采用PVC材质彩喷绘制。

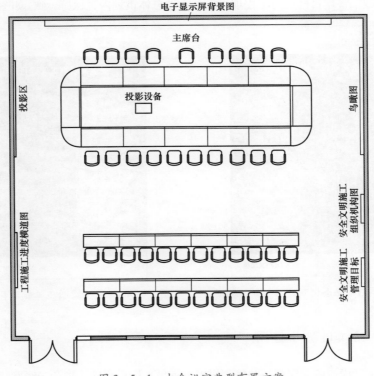

图 3-5-1 大会议室典型布置方案

3.5.3 标牌设置

大会议室内标牌应包含鸟瞰图、安全文明施工组织机构图、安全文明施工管理目标牌、工程施工进度横道图、应急联络牌和职工夜校相关标牌等。

3.5.3.1 鸟瞰图

鸟瞰图应反映工程的整体面貌，角度从高空俯视观察，视野应开阔。尺寸宜为1200mm×1800mm，宜采用三维立体彩色图，如图3-5-2所示。

图3-5-2 鸟瞰图

3.5.3.2 安全文明施工组织机构图

安全文明施工组织机构图中应涵盖项目经理、项目总工、专职安全员、施工队长和各施工区人员，如图3-5-3所示。

3.5.3.3 安全文明施工管理目标牌

安全文明施工管理目标应与工程项目安全管理总体策划内容保持一致，如图3-5-4所示。

图3-5-3 安全文明施工组织机构图

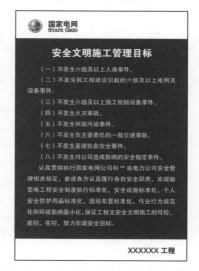

图3-5-4 安全文明施工管理目标示例

3.5.3.4 工程施工进度横道图

工程施工进度横道图应客观反映施工进度，满足工程里程碑计划和一级网络计划要求。尺寸宜为 1200mm×1800mm，以国网绿为基色，宜采用 PVC 材质彩喷绘制，如图 3-5-5 所示。

3.5.3.5　应急联络牌

应急联络牌应公示现场应急工作组主要成员的姓名、应急联络电话号码、值班电话号码、应急救援电话、应急救援路径图等。尺寸宜为 1200mm×1800mm，以国网绿为基色，宜采用 PVC 材质彩喷绘制，如图 3-5-6 所示。

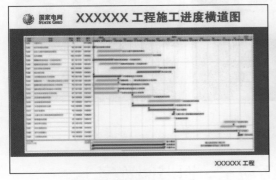

图 3-5-5　工程施工进度横道图　　　　图 3-5-6　应急联络牌

3.5.3.6　职工夜校相关标牌

现场办公区宜设置职工夜校，场地与大会议室共用。职工夜校室内应设置"职工夜校管理制度"。室外标牌应设置"职工夜校铭牌"，尺寸宜为 600mm×400mm，采用拉丝不锈钢材质铭牌，示例图如 3-5-7 所示。

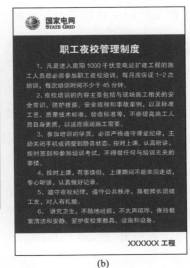

(a)　　　　　　　　　　(b)

图 3-5-7　职工夜校铭牌及管理制度标牌示例图
（a）职工夜校铭牌示例图；（b）职工夜校管理制度牌示例图

3.5.4 附属配置物

大会议室背景图应以国网绿为基色，应标注醒目的工程名称，电子显示屏应布置在背景图上方。会议室桌椅宜采用木制材料，中间设置主席台。会议室应设置投影及音响设备，根据实际情况应设置话筒、扬声器等视频设备，如图3-5-8所示。

图3-5-8　附属配置物示意图

3.6　小会议室（党员活动室、图书阅览室）

3.6.1　设置原则

小会议室用于召开各项目部碰头会、各专业讨论会等小型会议，小会议室容纳人数新建工程约20人（扩建工程约10人）。小会议室可与党员活动室、图书阅览室合建共用，室内的会议室模块设施可适当简化，应包含会议桌椅，配备空调和小型投影仪、书架（资料柜），根据实际情况宜设置书写板和立式饮水机，资料柜内放置学习资料和活动记录。

3.6.2　布置要求

党建功能部分应坚持"规范、节约、实用"的原则，按照"完善功能、一室多用"的要求，把党员活动室真正建成党员政治学习的中心、思想教育的阵地、传授知识的课堂、宣传文化的窗口，增强党员的认同感和归属感，充分发挥广大党员的先锋模范作用。

3.6.3　标牌设置

上墙标牌应包含党旗、誓词、党员权利义务，廉洁协议书、廉洁自律承诺书、廉洁公示等标牌，入口处应设有党员活动室（图书阅览室）门牌。除特殊说明外，图牌尺寸宜为900mm×600mm，以国网绿为基色，宜采用PVC材质彩喷绘制。

（1）门牌。门牌名称为"党员活动室（图书阅览室）"，挂在党员活动室大门外右上方，离地180cm，离门30cm；背景为红色，字体颜色为黄色，字体为黑体，字号为60pt，尺寸为40cm×35cm，如图3-6-1所示。

图3-6-1 党员活动室（图书阅览室）标牌示意图

（2）党建上墙内容。上墙内容宜包括党旗（一般规格为144cm×96cm或旗面长宽比为3∶2），入党誓词（在党旗的下方）、党员的权利和义务（分别在党旗及入党誓词左右两边）、党的指导思想和基本路线（对称悬挂在左右）等，如图3-6-2所示；还宜设置党员活动展板，如图3-6-3所示；现场临时党组织架构图如图3-6-4所示；图书借阅管理制度及管理人员职责，如图3-6-5所示。

图3-6-2 党旗、誓词、党员权利义务标牌示例图

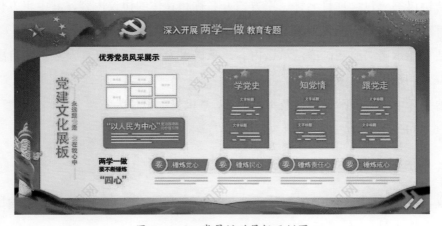

图3-6-3 党员活动展板示例图

图3-6-4 现场临时党支部组织机构示例图

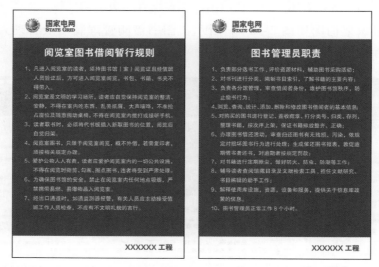

图3-6-5 图书借阅管理制度及管理人员职责示例图

廉洁协议书应包含项目名称、甲方乙方名称和具体的协议内容,其中甲方代理人为业主项目经理,乙方代理人为施工项目经理,如图3-6-6所示。

廉洁自律承诺书应明确廉洁承诺内容,承诺人为业主项目经理及业主项目副经理,如图3-6-7所示。

廉洁公示中应明确举报电话及举报地址,举报受理单位为省级公司的建设管理单位,如图3-6-8所示。

3.6.4 附属配置物

会议桌椅应至少能容纳10人,设置小型投影仪(含投影布),宜设置带支架的书写板,附属实物如图3-6-9所示。

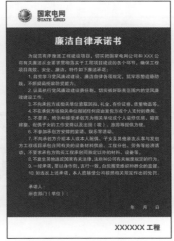

图 3-6-6　廉洁协议书示例图　　图 3-6-7　廉洁自律承诺书示例图　　图 3-6-8　廉洁公示示例图

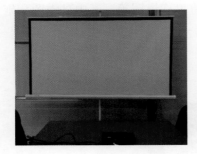

图 3-6-9　附属配置物

3.7　接　待　室

3.7.1　设置原则

现场办公区宜设置接待室，主要用于接待来访业务单位人员、外部检查人员、周边群众及一线施工人员，是其洽谈业务、临时休整和反馈问题的场所。接待室设置应以简洁、大方、协调为原则，室内应保持干净卫生。

3.7.2　布置要求

接待室外宜设置建设管理意见箱，室内配备简易的沙发、茶几和饮水机等，典型布置方案如图 3-7-1 所示。

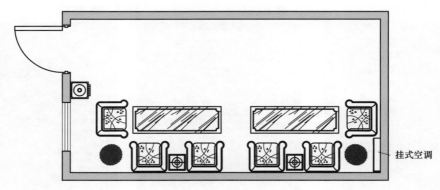

挂式空调

图 3-7-1 接待室典型布置方案

3.7.3 标牌设置

接待室内标牌应包含工程项目概况、鸟瞰图、施工进度横道图等，其中鸟瞰图和施工进度横道图见 3.5 节，工程项目概况示例图如图 3-7-2 所示。

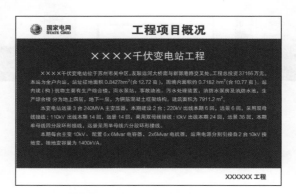

图 3-7-2 工程项目概况

工程项目概况应包含项目建设地点、占地面积、结构形式、远景建设规模和本期建设规模等内容。尺寸宜为 1200mm×1800mm，以国网绿为基色，宜采用 PVC 材质彩喷绘制。

3.7.4 附属配置物

建设管理意见箱宜设置于接待室门口，室内配备沙发、茶几和饮水机等，如图 3-7-3 所示。

图 3-7-3 附属配置物示例图

3.8 业主办公室

3.8.1 设置原则

业主办公室应至少配备两个标准房间和一个大房间，满足常驻现场人员办公需求。

3.8.2 布置要求

（1）业主项目经理室内设施应包含办公桌、茶几、沙发、文件柜、饮水机、空调，根据实际情况也可设置空气净化器、绿植，典型布置方案如 3-8-1 所示。

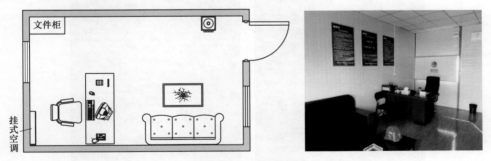

图 3-8-1 业主项目经理室布置及实物示例图

（2）业主项目副经理室内设施应包含办公桌、茶几、沙发、文件柜、饮水机、空调，根据实际情况也可设置空气净化器、绿植，典型布置方案可参照业主项目经理室布置方案。

（3）业主综合办公室内设施应包含办公桌、打印机、文件柜、茶水台、饮水机、空调，根据实际情况也可设置空气净化器、微波炉、衣柜、绿植，典型布置方案如图 3-8-2 所示。

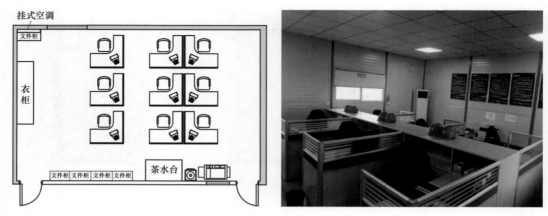

图 3−8−2　业主综合办公室布置及实物示例图

3.8.3　标牌设置

标牌宜采用 PVC 材质彩绘喷制，底色采用国网绿，标题栏采用白色大黑体，内容采用白色黑体字，规格为 900mm × 600mm。

（1）业主项目经理室内标牌应包含业主项目部职责、业主项目经理职责，如图 3−8−3 所示。

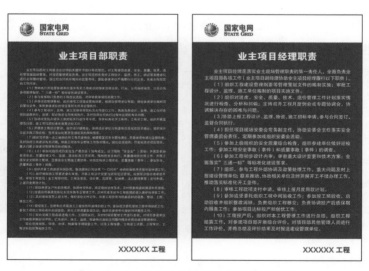

图 3−8−3　业主项目经理室内标牌示例图

（2）业主项目副经理室内标牌应包含业主项目副经理岗位职责。

（3）业主综合办公室内标牌应包含项目管理职责、安全管理职责、质量管理职责、造价管理职责、技术管理职责、业主项目部组织机构图、安全生产委员会组织机构图，如图 3−8−4 所示。

业主项目部组织机构图

项目经理：XXX

项目副经理：XXX

- 项目管理专责：XXX
- 安全管理专责：XXX
- 质量管理专责：XXX
- 造价管理专责：XXX
- 技术管理专责：XXX
- 属地协调：XXX
- 物资协调：XXX

XXXXXX 工程

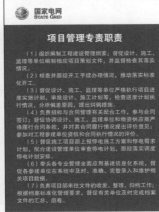

项目管理专责职责

（1）组织编制工程建设管理纲要；督促设计、施工、监理等单位编制相应项目策划文件，并监督检查其落实情况。

（2）核查并跟踪开工手续办理情况，推动落实标准化开工。

（3）督促设计、施工、监理单位严格执行项目进度实施计划，审批设计、施工计划，检查进度计划执行情况，分析偏差原因，提出纠偏措施。

（4）负责招标与合同管理有关配合工作，参与合同签订；督促协调设计、监理单位和物资供应商严格履行合同条款，并对其合同履行情况提出评价意见；参与对工程参建单位资信和合同执行情况的评价。

（5）督促施工项目部上报停电施工方案和停电需求计划，配合建设管理单位审查停电计划，跟踪落实调度停电计划安排。

（6）牵头各专业管理全面应用基建信息化系统，督促各参建单位在系统中及时、准确、完整录入和维护相关项目数据。

（7）负责项目部来往文件的收发、整理、归档工作；根据档案标准化管理要求，督促有关单位及时完成档案文件的汇总、组卷。

XXXXXX 工程

安全生产委员会

主　任：XXX
　（项目法人 XXXXXXXXXXXX 负责人）

常务副主任：XXX
　（业主项目经理）

副 主 任：XXX　XXX·
　（项目总监 XXXXXXXXXXXX）

成　员：XXX　XXX　XXX　XXX　XXX
　　　　XXX　XXX　XXX
　　　　XXX　XXX
　（项目设计 XXXXXXXXXXX
　XXXXXXXX）

XXXXXX 工程

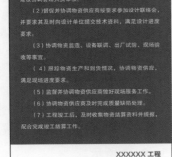

物资协调联系人职责

（1）收集物资采购合同，编制物资供应计划，提交建设协调管理人员审核。

（2）督促并协调物资供应商按要求参加设计联络会，并要求其及时向设计单位提交技术资料，满足设计进度要求。

（3）协调物资监造、设备联调、出厂试验、现场验收等事宜。

（4）跟踪物资生产和到货情况，协调物资供应，满足现场进度要求。

（5）监督并协调物资供应商做好现场服务工作。

（6）协调物资供应商及时完成质量缺陷处理。

（7）工程竣工后，及时收集物资结算资料并报批，配合完成竣工结算工作。

XXXXXX 工程

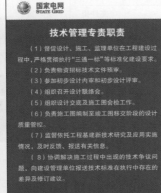

技术管理专责职责

（1）督促设计、施工、监理单位在工程建设过程中，严格贯彻执行"三通一标"等标准化建设要求。

（2）负责物资招标技术文件预审。

（3）参加初步设计内审和初步设计评审。

（4）组织召开设计联络会。

（5）组织设计交底及施工图会检工作。

（6）负责施工图编制至竣工图移交阶段的设计质量管控。

（7）监督依托工程基建新技术研究及应用实施情况，及时反馈、报送有关信息。

（8）协调解决施工过程中出现的技术争议问题，向建设管理单位报送技术标准在执行中存在的差异及修订建议。

XXXXXX 工程

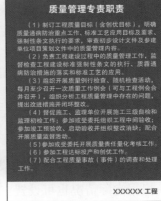

质量管理专责职责

（1）制订工程质量目标（含创优目标），明确质量通病防治重点工作、标准工艺应用目标及要求、强制性条文执行的要求，审查初步设计文件及参建单位项目策划文件中的质量管理内容。

（2）负责工程建设过程中的质量管理工作，监督检查工程建设标准强制性条文的执行、质量通病防治措施的落实和标准工艺的应用。

（3）组织开展质量例行检查、随机检查活动，每月至少召开一次质量工作例会（可与工程例会合并召开），组织分析工程质量管理中存在的问题，提出改进措施并闭环整改。

（4）督促施工、监理单位开展施工三级自检和监理初检工作；参加或受委托组织工程中间验收；参加竣工预验收、启动验收并组织整改消缺；配合开展质量监督活动。

（5）参加或受委托开展质量责任量化考核工作。

（6）参加工程达标投产和创优工作。

（7）配合工程质量事故（事件）的调查和处理工作。

XXXXXX 工程

安全管理专责职责

（1）开展工程建设全过程的安全管理工作；参加安委会，落实安委会会议决定。

（2）审核工程监理、设计、施工单位编制的策划文件中安全内容，并监督执行。

（3）参与工程现场应急处置方案的编制、交底，建立业主项目部安全管理台账。

（4）监督施工分包安全管理，考核评价施工、监理承包商及分包队伍安全管理工作。

（5）开展工程施工安全风险管理，检查风险控制措施的落实。

（6）定期组织安全例行检查，督促问题整改。

（7）协助开展现场应急管理。

（8）负责工程安全信息日常管理工作。

（9）参加或受委托开展安全责任量化考核。

（10）配合工程安全事故（事件）的调查和处理工作。

XXXXXX 工程

造价管理专责职责

（1）负责工程建设过程中的造价管理与控制工作。

（2）责参与可行性研究报告、初步设计文件内审和评审。

（3）组织编制并参与施工预算审查，对审定的施工图预算书归档；参与招标工程清单和最高投标限价审查，参与工程合同签订工作。

（4）参与工程建设场地征用与清理赔偿协议的签订工作，组织整理、归档赔偿协议及凭证等。

（5）组织审核工程量签证文件，形成分析报告，按规定报批。

（6）审核设计变更与现场签证费用，根据规范要求与权限报批。

（7）跟踪工程建设过程中造价变化，对费用变化较大情况应与概算做对比分析，及时掌握概算执行情况。

（8）负责组织参建单位提交工程结算资料，预审并上报工程结算，根据结算初复查意见，组织调整工程结算配合造价分析、结算审查、竣工决算、审计、财务稽核以及固定资产转资等工作。

XXXXXX 工程

图 3-8-4　业主综合办公室内标牌示例图

3.9 监理办公室

3.9.1 设置原则

至少应配备两个标准房间，配置若干办公位满足常驻现场人员办公需求。

3.9.2 布置要求

（1）项目总监室内设施应包含办公桌、茶几、沙发、文件柜、饮水机、空调，根据实际情况也可设置空气净化器、绿植，典型布置方案如图 3-9-1 所示。

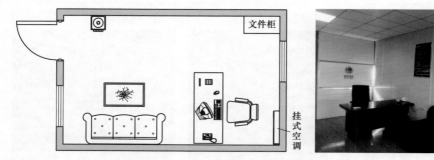

图 3-9-1　总监办公室内布置示意及实物图

（2）监理综合办公室内设施应包含办公桌、打印机、文件柜、茶水台、饮水机、空调，根据实际情况也可设置空气净化器，典型布置方案如图 3-9-2 所示。

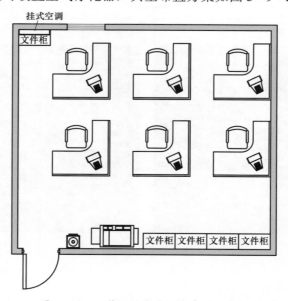

图 3-9-2　监理综合办公室布置示意图

3.9.3 标牌设置

除特殊说明外，标牌宜采用 PVC 材质彩绘喷制，底色采用国网绿，标题栏采用白色大黑体，内容采用白色黑体字，规格为 900mm×600mm。

（1）项目总监室内标牌应包含监理项目部职责、总监理工程师职责，标牌示例图如图 3-9-3 所示。

（2）监理综合办公室内标牌应包含总监理工程师代表职责、专业监理工程师职责、安全监理工程师职责、造价员职责、信息资料员职责、监理项目部组织机构图、施工现场风险管控公示牌。施工现场风险管控公示牌规格为 900mm×1200mm，标牌示例图如图 3-9-4 所示。

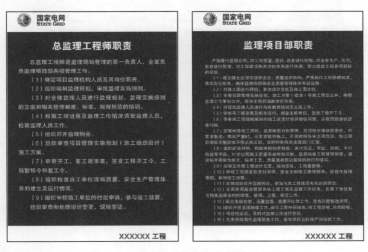

图 3-9-3 项目总监室内标牌示例图

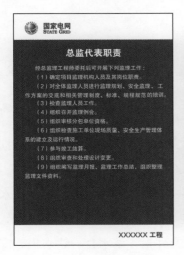 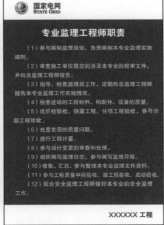 

图 3-9-4 监理综合办公室内标牌示例图（一）

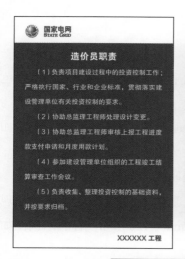
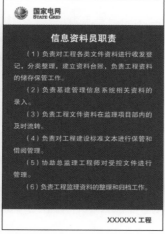

三级及以上施工现场风险管控公示牌							
作业时间	作业地点	作业内容	主要风险	风险等级	颜色标示	工作负责人	现场监理人

图 3-9-4　监理综合办公室内标牌示例图（二）

3.10　施 工 办 公 室

3.10.1　设置原则

至少配备一个标准房间和一个大房间，配置若干办公位满足常驻现场人员办公需求。

3.10.2　布置要求

（1）项目经理室内设施应包含办公桌、茶几、沙发、文件柜、饮水机、空调，根据实际情况也可设置空气净化器、绿植，典型布置方案如图 3-10-1 所示。

（2）项目副经理（项目总工）室内设施应包含办公桌、茶几、沙发、文件柜、饮水机、空调，根据实际情况也可设置空气净化器、绿植，典型布置方案如图 3-10-2 所示。

（3）施工综合办公室内设施应包含办公桌、打印机、文件柜、茶水台、饮水机、空调，根据实际情况也可设置空气净化器，典型布置方案如图 3-10-3 所示。

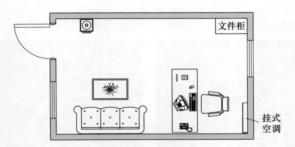

图 3－10－1　施工项目经理办公室布置示意图

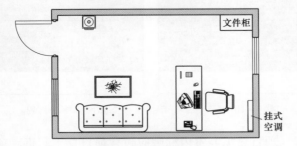

图 3－10－2　施工项目副经理办公室内布置示意图

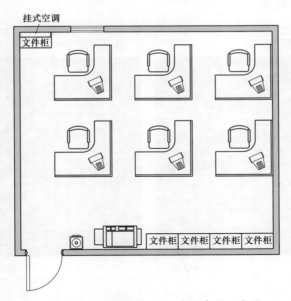

图 3－10－3　施工综合办公室内布置示意图

3.10.3　标牌设置

标牌宜采用 PVC 材质彩绘喷制，底色采用国网绿，标题栏采用白色大黑体，内容采用白色黑体字，规格为 900mm×600mm。

（1）项目经理室内标牌应包含施工项目部职责、项目经理职责，如图 3－10－4 所示。

图 3-10-4 施工项目经理办公室内标牌示例图

（2）项目副经理（项目总工）室内标牌应包含项目总工职责、项目（副）经理职责标牌，如图 3-10-5 所示。

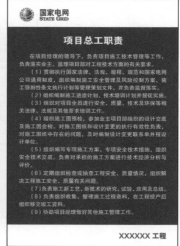

图 3-10-5 施工项目副经理办公室内标牌示例图

3.11 物资办公室

3.11.1 设置原则

物资项目部办公室设置一间，并配置若干办公位以满足现场人员的办公需求。

3.11.2 布置要求

物资办公室内设施应包含办公桌、打印机、文件柜、饮水机、空调，根据实际情况也可设置空气净化器，典型布置方案如图3-11-1所示。

3.11.3 标牌设置

物资办公室标牌应包含组织机构图、服务内容、职责分工、移交验收流程、供应商履约评价、现场安全管理规定、物资供应服务"十不准"，宜采用PVC材质彩绘喷制，底色应采用国网绿，标题栏字体应为白色大黑体，正文字体为白色黑体字，规格900mm×600mm，如图3-11-2所示。

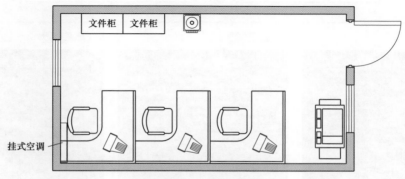

图3-11-1 物资项目部办公室内布置示意图

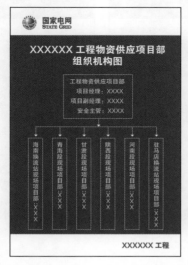
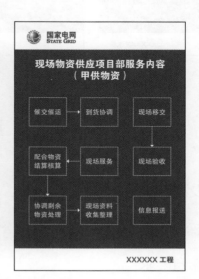

图3-11-2 物资项目部办公室标牌示例图（一）

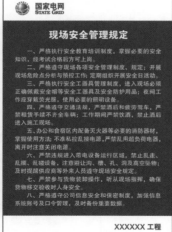
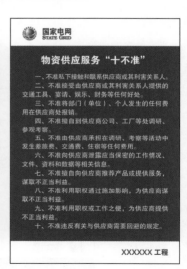

图 3-11-2　物资项目部办公室标牌示例图（二）

3.12　设计办公室

3.12.1　设置原则

设计办公室设置一间，并配置若干办公位以满足现场设计人员办公需求。

3.12.2　布置要求

设计办公室内设施应包含办公桌、打印机、文件柜、饮水机、空调，根据实际情况也可设置空气净化器，典型布置方案如图 3-12-1 所示。

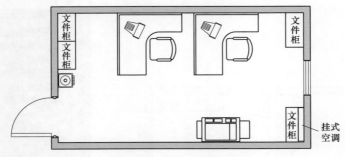

图 3-12-1　设计办公室典型布置方案示意图

3.12.3　标牌设置

设计办公室内标牌应包含工代职责、工代权限、工代的纪律、工代的奖惩，具体要求如下：PVC 材质彩绘喷制，底色采用国网绿，标题栏采用白色大黑体，内容采用白色黑体字。规格 900mm×600mm。

3.13　属地协调办公室

3.13.1　设置原则

至少配置一个房间，配置若干办公位以满足办公需求。

3.13.2　布置要求

属地协调办公室内设施应包含办公桌、打印机、文件柜、饮水机、空调，根据实际情况也可设置空气净化器，典型布置方案如图 3-13-1 所示。

3.13.3　标牌设置

属地协调办公室内标牌应包含属地协调联系人职责，具体要求如下：PVC 材质彩绘喷制，底色采用国网绿，标题栏采用白色大黑体，内容采用白色黑体字，规格 900mm×600mm，如图 3-13-2 所示。

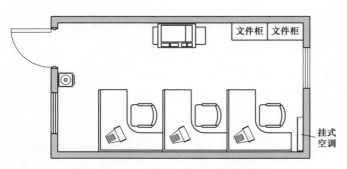

图 3-13-1 属地协调办公室布置示意图

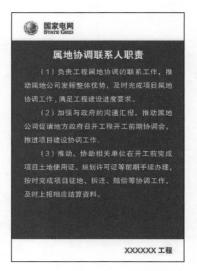

图 3-13-2 属地协调联系人
职责标牌示例图

3.14 资料档案室

3.14.1 设置原则

资料档案室的设置应满足现场资料档案管理工作需要。

3.14.2 布置要求

资料档案室内设施应包含文件柜、塑封机、裁剪板等办公用品,典型布置方案如图 3-14-1 所示。

3.14.3 标牌设置

资料档案室内标牌应包含信息资料员职责,具体要求如下:PVC 材质彩绘喷制,底色采用国网绿,标题栏采用白色大黑体,内容采用白色黑体字,尺寸规格为900mm×600mm,如图 3-14-2 所示。

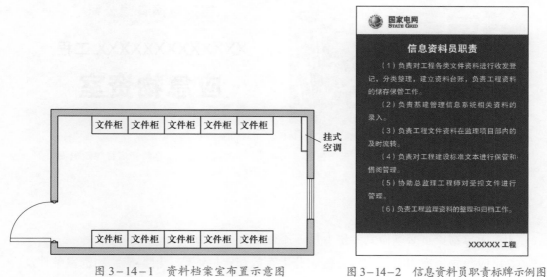

图 3－14－1　资料档案室布置示意图　　　　图 3－14－2　信息资料员职责标牌示例图

3.15　应急物资室

3.15.1　设置原则

应急物资室设置应遵循专用、通风、安全和存取方便的原则。

3.15.2　布置要求

（1）应急物资室应设置在办公区的中心位置，并设置明显的标志。

（2）应急物资室内防潮、通风、防火、防盗、防鼠、防污染等设施应齐全。

（3）针对工程特点，应明确应急物资的类型、数量、性能和存放位置，加强维护保养，使其处于良好状态，确保能随时正常使用。

（4）应急物资室内设施应包含应急物资存储柜、医疗物资、消防物资、防汛物资等。典型布置示例图如图 3－15－1 所示。

3.15.3　标牌设置

室外应设置应急物资室铭牌，尺寸宜为 400mm×600mm，宜采用拉丝不锈钢材质标牌，如图 3－15－2 所示。

图 3-15-1 应急物资室典型布置示例图   图 3-15-2 应急物资室标牌示例图

3.15.4 管理要求

（1）应急物资室必须做到专室专用，不得存放任何与应急无关的物资。

（2）应急物资室内必须实行分区、分类存放和定位管理。根据应急物资室条件及应急物资的不同属性，分类存储、分别编号，建立健全台账登记。

3.16 洗 手 间

3.16.1 设置原则

（1）满足以人为本、符合文明、卫生、适用、方便、节水、通风、防臭等要求。

（2）洗手间应合理布置卫生洁具和洁具的使用空间。应结合施工气温，增加加热装置。

（3）洗手间设置要远离常驻人员房间位置，尽量靠近会议室等人员密集场所，满足现场工作人员方便出入的规范要求。

（4）洗手间墙面必须光滑，便于清洗；地面应采用防渗、防滑、易清洗的材料铺设。

3.16.2 布置要求

洗手间室内设施应包含：

（1）盥洗间：包含盥洗池、水龙头、镜子、配备洗手液或免洗消毒液。

（2）男、女卫生间：包含隔挡门、换气扇、窗户、冲水式蹲便器及立式小便器、蹲位隔板、小便池隔板、挂衣钩、卷纸盒。

3.16.3 标牌设置

（1）洗手间应设置"请节约用水""向前一小步，文明一大步"等标牌，尺寸为

300mm×100mm，以国网绿为基色，宜采用 PVC 彩喷绘制，如图 3－16－1 所示。

图 3－16－1　卫生间内标牌示例图

（2）洗手间室外应设置男女洗手间指示牌，尺寸宜为 600mm×400mm。宜采用拉丝不锈钢材质铭牌，如图 3－16－2 所示。

图 3－16－2　卫生间指示牌示例图

4

交底及体感培训区

4.1 总体要求

4.1.1 基本要求

（1）变电站工程现场应设置培训交底区，宜设置体感培训区。交底及体感培训区可独立设置，也可与其他区域合并设置。

（2）体感培训与交底区的选址工作应结合办公区、生活区等进行，应进行现场踏勘、对比分析，按照安全可靠、经济适用的原则进行布置，选择技术、经济最优方案。

（3）体感培训与交底区以满足展示、培训、交底需要为原则设置，面积不宜过大。

（4）交底及体感培训区整体风格应与施工现场其他区域风格一致，在标识、色彩等方面符合国家电网有限公司安全文明施工标准化要求，基色采用国网绿。整体视觉效果应整洁美观、风格统一、简洁大方。

4.1.2 管理要求

（1）交底及体感培训区一般由搭建该区域的施工单位进行日常管理，应安排专人进行日常维护，纳入现场安全管理范围，制定管理制度或要求。

（2）体感培训设施一般应采购专业公司生产的产品，并有质量证明文件与试验报告。现场自行建造的设施，应符合相关安全规程与技术标准要求。室外布置的设施应具有防雨防潮功能，用电设施符合安全用电要求。

（3）业主、监理、施工项目部现场日常安全检查时，应对该区域的体感培训设施及用电、消防等设施进行检查，保持其状态良好。

（4）应安排专人对该区域定时清扫，保持清洁卫生。

4.1.3 应用要求

（1）现场开工准备阶段，业主项目部应督促或组织各参建单位开展体感培训，所有参建人员根据岗位与工种参加不同的培训项目。培训应做好记录，留存影像资料。

（2）作业班组的站班会交底工作宜在交底区进行。

4.2 总 体 布 置

4.2.1 包含项目及设置要求

交底及体感培训区包括安全防护用品展示区、各类安全用具体验区、交底区。具体包含的项目及设置要求如表4-2-1所示。

表4-2-1 交底及体感培训区包括项目及设置要求

序号	项目	设置要求
1	站班会交底区	应
2	安全防护用品展示区	宜
3	安全帽使用防护体验培训区	宜
4	高空体验区	宜
5	坠落体验区	宜
6	综合用电体验区	宜
7	爬梯对比演示体验区	宜
8	消防演示与体验区	宜
9	急救体验培训区	宜
10	平衡体感区	宜
11	综合体验架	宜
12	VR培训区	宜

4.2.2 典型布置方案

根据实际规划的区域，合理布置各类设施，一般安全防护用品展示区、体验培训设施及其他安全展示装置设置在场地周边，场地中间可设置为交底区，如图4-2-1所示。若现场场地受限，展示与培训区布置在同一场地，交底区可布置于另一场地。

4.2.3 选材、消防、照明要求

（1）所用材料选择绿色环保、阻燃性材料，金属材料应采用防锈材料或采取防锈措施。

（2）区域内设置充足照明，临时用电应符合安全用电技术规程要求。室外的配电设施应具有防风、防雨、防潮、防雷电功能。

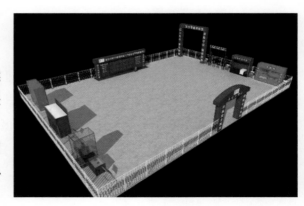

图 4-2-1 典型布置图

（3）区域内应配置充足的手持式干粉或泡沫灭火器（见本手册 2.4.3）。

4.3 交 底 区

4.3.1 功能说明

为站班会、交底会提供场所。

4.3.2 布置方案

（1）站班会、交底区配置面积以满足站班会的班组人员数量确定，讲评台及背景板采用防火材料，背景板宜设置 LED 屏，用于显示日常交底内容及其他信息。

（2）背景板尺寸宜设置为 2500mm（长）×6000mm（高），可根据现场实际情况调整，外观示例图如图 4-3-1 所示。

图 4-3-1 站班会、交底区示例图

4.4 安全防护用品展示区

4.4.1 功能说明

安全防护用品展示区主要展示个人安全防护用品，培训作业人员熟悉防护用品的种类、正确的使用方法。

4.4.2 布置方案

（1）所展示的安全防护用品应放置在具有防尘功能的柜子中，柜体顶面、侧面均采用透明材料制作；用品应摆放整齐，整洁美观；所展示用品应有合格标志。安全防护用品展示区示例图如图4-4-1所示。

（2）展示区柜子宜采用铝合金材料、阻燃性板材制作。

（3）展示工作服、安全帽等成套用品可穿戴在模特身上，放置在立式柜子中，柜子尺寸宜为1000mm（长）×900mm（宽）×2000mm（高）。

（4）展示防毒面具、绝缘用具、季节性防护用品采用卧式柜子，其尺寸宜为1500mm（长）×900mm（宽）×1000mm（高）。

（5）可根据工程实际使用情况，选择工程所需的安全防护用品（见本手册2.2.2）进行展示。

4.4.3 标牌设置

安全防护用品展示区应设置内容为防护用品的种类、正确使用方法及示意图的标牌，其尺寸宜为900mm（高）×1350mm（宽），示例图如图4-4-2所示。

图4-4-1 安全防护用品展示区示例图

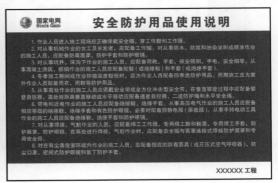

图4-4-2 安全防护用品展示区标牌示例图

4.5　安全帽使用防护体验培训区

4.5.1　功能说明

该区域用来进行安全帽冲击体验培训。通过感受在高空落物时安全帽起到的安全保护作用，加深对正确使用安全帽的重要性认识。

4.5.2　布置方案

（1）体验设施的箱体采用木质或其他板材制作，冲击设备从专业厂家采购。

（2）该设施推荐尺寸（每间内部尺寸）为 900mm（长）×900mm（宽）×2500mm（高）。预留场地宜为4000mm（长）×2000mm（宽），如图4-5-1所示。

4.5.3　标牌设置

（1）在安全帽体验设施旁边设置内容为设施使用说明和注意事项的指示标牌，其大小宜为900mm（高）×600mm（宽），如图4-5-2所示。

（2）在合适位置设置"必须戴安全帽"指令标志牌，其样式见本手册2.7.1。

图4-5-1　安全帽使用防护体验区示例图

图4-5-2　使用说明示例图

4.6 高空体验区

4.6.1 功能说明

通过模拟高空作业过程，让体验人员感受高空作业与地面作业的区别，了解高空作业防护设施使用方法，掌握高空作业规程，提升高空作业防护意识，预防高空坠落事故的发生。

4.6.2 布置方案

（1）装置由钢结构体验架、施工吊篮、缓降装置、逃生装置、控制装置组成，体验装置钢结构采用钢管焊接。

（2）设施规格一般为 2000mm（长）×2000mm（宽）×14500mm（高），占地预留4000mm（长）×4000mm（宽），如图 4-6-1 所示。

4.6.3 标牌设置

（1）标牌内容为该设施的体验要求与注意事项。其大小宜为 900mm（高）×600mm（宽），如图 4-6-2 所示。

图 4-6-1　高空体验装置示例图　　　　图 4-6-2　标牌示例图

（2）在合适位置设置"当心坠落"警告标志和"必须系安全带"指令标志牌，其样式见本手册 2.7.1。

4.7 坠落体验区

4.7.1 功能说明

体验人员亲身感受高空突然坠落，认识到高空坠落的危险性，提高高空作业人员的安全意识，减少高处作业中坠落事故的发生，并学习掌握突发坠落时的自我保护知识和防护技能。

4.7.2 布置方案

（1）装置由双层钢结构体验房、安全海绵、外爬梯、电器控制柜组成，开口处为两块钢板活页，由两根气泵液压杆及操作机构控制开启闭合。

（2）体验房规格为 3600mm（长）×3600mm（宽）×6000mm（高），占地预留 4000mm（长）×4000mm（宽），如图 4−7−1 所示。

4.7.3 标牌设置

（1）标牌内容为该设施的体验要求与注意事项。其大小宜为 900mm（高）×600mm（宽），如图 4−7−2 所示。

图 4−7−1　高处坠落体验装置示例图

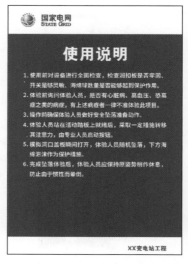

图 4−7−2　标牌示例图

（2）在合适位置设置"当心坠落"警告标志和"必须戴安全帽"指令标志，其样式见本手册 2.7.1。

4.8 综合用电体验区

4.8.1 功能说明

通过综合用电体验，学习各元件的接线方式、使用说明，进一步普及施工现场安全用电知识，提高作业技能；通过触电体验，加强工作人员对此类危害的认识，促使其规范操作。

4.8.2 布置方案

（1）综合用电体验区由常用开关、开关箱、各种灯具及各种规格型号的电线及模拟触电仪器组成。

（2）设施尺寸一般为：3500mm（长）×1000mm（宽）×2500mm（高），预留场地4000mm（长）×2000mm（宽），如图4-8-1所示。

4.8.3 标牌设置

（1）标牌内容为该设施的体验要求与注意事项，其大小宜为900mm（高）×600mm（宽），如图4-8-2所示。

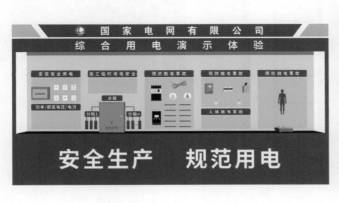

图4-8-1 综合用电体验装置图   图4-8-2 标牌示例图

（2）在合适位置设置"当心触电"警告标志和"必须接地"指令标志，其样式见本手册2.7.1。

4.9 爬梯对比演示体验区

4.9.1 功能说明

爬梯对比演示体验区用于让体验人员掌握合规爬梯的材质、步距、牢固性等相关标准，体验人员可通过实地攀爬各类爬梯，更直观地感受不同步距爬梯带来的不同感受。

4.9.2 布置方案

（1）爬梯对比体验框架采用钢材制作，安装牢固，并根据需要分别设置规范爬梯、大步距爬梯、软梯等多类爬梯。

（2）设施尺寸宜为3300mm（长）×1000mm（宽）×3000mm（高），预留场地面积约为4000mm（长）×2000mm（宽），如图4-9-1所示。

4.9.3 标牌设置

（1）标牌内容为该设施的体验要求与注意事项。其大小宜为900mm（高）×600mm（宽），如图4-9-2所示。

图4-9-1 爬梯体验装置示例图

图4-9-2 标牌示例图

（2）在合适位置设置"当心坠落"警告标志和"必须系安全带"指令标志牌，其样式见本手册2.7.1。

4.10 消防演示与体验区

4.10.1 功能说明

消防演示与体验区用于展示消防安全知识，指导体验人员进行消防应急演练，学习消防器材使用方法，使体验人员掌握发生火灾时应急处置措施，切实提高消防安全意识。

4.10.2 布置方案

（1）消防演示与体验模块宜选用钢材制作，通体涂刷红漆。模块内应配备灭火器、消防面具、砂箱、消防水桶、消防斧等消防器材，宜配置消防火灾灭火演练装置。

（2）设施尺寸宜为 3600mm（长）×2200mm（宽）×960mm（高），场地预留面积应不小于5000mm（长）×3500mm（宽），如图4-10-1所示。

4.10.3 标牌设置

（1）标牌内容为该设施的体验要求与注意事项，其大小宜为900mm（高）×600mm（宽），如图4-10-2所示。

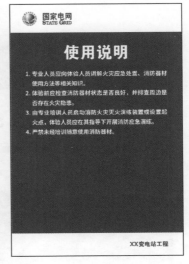

图4-10-1 灭火器演示装置示例图　　　　图4-10-2 标牌示例图

（2）在合适位置设置"当心火灾"警告标志和"可动火区"提示标志，其样式见本手册2.7.1。

4.11 急救体验培训区

4.11.1 功能说明

急救体验培训区用于展示相关急救知识，开展急救演练，体验人员可实地进行急救操作练习，掌握基本急救技能，提升突发状况下的应急处置能力。

4.11.2 布置方案

（1）急救体验模块可采用木板制作，并宜配置玻璃展示柜用于存放展示心肺复苏急救模拟人、急救药箱、担架等器材设施，便于随时开展急救演练。

（2）设施尺寸一般为2300mm（长）×1100mm（宽）×2600mm（高），预留场地约5000mm（长）×3500mm（宽）。

4.11.3 标牌设置

装置背景牌用于展示应急急救基础知识，心肺复苏、海姆立克手法、包扎止血等急救方法，装置背景牌如图4-11-1所示。标牌内容为体验要求与注意事项，其大小宜为900mm（高）×600mm（宽），如图4-11-2所示。

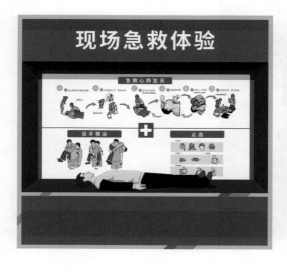

图4-11-1 急救体验装置示例图

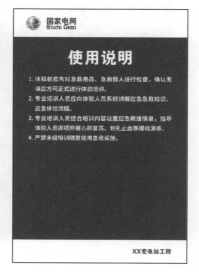

图4-11-2 标牌示例图

4.12 平衡体感区

4.12.1 功能说明

平衡木行走体验，可以检测工作人员的平衡能力，以及各种情况下是否能够控制好自身的平衡，提高作业人员沉着冷静的心理素质。

4.12.2 布置方案

（1）平衡木横杆一般采用高低、长短不一的方管焊接制作，分为直杆、环形杆、曲形杆等型号，材料由 100mm×100mm 方钢焊接，采用膨胀螺栓固定于地面。

（2）设施规格一般为 4500mm（长）×400mm（宽）×400mm（高），场地预留面积约 6000mm（长）×2000mm（宽），如图 4－12－1 所示。

图 4－12－1 平衡体感装置示例图

4.12.3 标牌设置

标牌内容为该设施的体验要求与注意事项。其大小宜为 900mm（高）×600mm（宽），如图 4－12－2 所示。

图 4－12－2 标牌示例图

4.13 综合体验架

4.13.1 功能说明

了解脚手架体、步道、作业平台等搭设标准，提高搭建人员、使用人员对搭设合规架体重要性的认识，避免因搭设不合格架体导致危害的发生。

4.13.2 布置方案

（1）综合体验架一般分三层设置，一层为木质步道，二层铺设钢制跳板及安全走廊，三层满铺钢、竹、木脚手板，体验架的搭设要符合技术规程。

（2）架体上设置模拟连墙、剪刀撑、八字撑、护栏、作业平台等构件。

（3）架体尺寸一般为 8500mm（长）×8500mm（宽）×6000mm（高），场地预留面积应不小于 10000mm（长）×10000mm（宽），如图 4-13-1 所示。

4.13.3 标牌设置

（1）标牌内容为该设施的体验要求与注意事项。其大小宜为 900mm（高）×600mm（宽），如图 4-13-2 所示。

图 4-13-1　综合体验架示例图

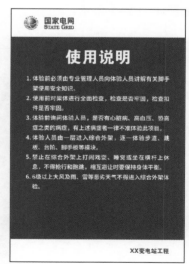

图 4-13-2　标牌示例图

（2）在合适位置设置"当心坠落"警告标志，其样式见本手册 2.7.1。

4.14 VR 培 训 区

4.14.1 功能说明

利用 VR 技术与设备，让作业人员感受操作过程中可能会遭遇的各类危险场景，可以帮助员工提高实际操作能力，学会快速应对并正确处理突发事件，达到施工安全教育、交底和培训演练的目的。

4.14.2 布置方案

（1）VR 设备基本可分为体感行走平台、一体机、体验式头盔和多人体验机等类型，施工单位根据现场实际情况进行选择。

（2）VR 设备存放条件应满足设备说明书要求，一般布置于室内。

（3）场地预留不小于 5000mm（长）×3000mm（宽），如图 4-14-1 所示。

4.14.3 标牌设置

设置指示标牌，内容为该设施的体验要求与注意事项，其大小宜为 900mm（高）×600mm（宽），如图 4-14-2 所示。

图 4-14-1　VR 体验装置示例图

图 4-14-2　标牌示例图

5

生 活 区

5.1 总 体 要 求

（1）生活区应按照安全可靠、经济适用的原则进行布置，有条件的项目可选择租赁当地民用建筑作为生活驻地，租赁的房屋必须满足安全要求。选择搭设现场生活临建的项目在选址前应深度踏勘，选择地质条件稳定、光照充足、通风良好、易于泄洪排涝的地区，应尽可能选择治安良好、交通便捷、通信畅通、生活便利的区域。生活区位置应与办公区、施工区统筹规划，相对独立，与当地居民保持一定距离，在醒目位置应张贴就近派出所联系人和报警电话。

（2）生活区应按照统一规范、封闭、卫生、环保的原则进行管理。生活区应封闭合围，各项目部生活区域相对独立，内部动线流畅，出口唯一。建立安全、卫生管理制度，落实专人维护和保洁。安全保卫应人力充足，入住生活区的人员凭证出入；公共卫生保洁及防疫应保证频次和清洁质量，生活污水集中处理，垃圾定期进行清理，绿化维护专人负责，为工程建设人员提供舒适的生活环境。

（3）生活区应功能划分合理，房间数量充足，生活设施配置齐全，满足各项目部人员生活需求。适宜位置应设置公示栏、宣传栏，营造浓厚的安全文明氛围。各建筑物、宣传栏等设施均应具有抗风防雨功能并做可靠接地。各项目部可结合企业文化特点，对房间内部进行适当装饰。

5.2 总 体 布 置

5.2.1 生活区总平面布置

5.2.1.1 生活区总平面布置的原则

（1）场地、房屋布置合理、紧凑，功能分区有序、适用。

（2）生活广场区除绿化外，广场地坪均做硬化处理。

（3）现场消防及人员安全疏散应满足如下要求：

1）厨房操作间、餐厅、锅炉房、配电室、可燃材料库房应采用单层建筑，其防火设计应符合以下规定。其余建筑可采用单层或双层建筑，可选择彩钢板或集装箱式等型式。

a. 建筑构件的燃烧性能等级应为 A 级。

b. 层数应为 1 层，建筑面积不应大于 200m²。

c. 可燃材料库房单个房间的建筑面积不应超过 30m²。

d. 房间内任意一点至最近疏散门的距离不应大于 10m，房门的净宽度不应小于 0.8m。

2）宿舍的防火设计应符合下列规定：

a. 建筑构件的燃烧性能等级应为 A 级。当采用金属夹芯板材时，其芯材的燃烧等级应为 A 级。

b. 采用双层建筑时，每层建筑面积不应大于 300m²，大于 200m² 时，应设置至少 2 部疏散楼梯，房间疏散门至疏散楼梯的最大距离不应大于 25m，疏散楼道的净宽度不应小于疏散走道的净宽度。

c. 单面布置用房时，疏散走道的净宽度不应小于 1m；双面布置用房时，疏散走道的净宽度不应小于 1.5m。

d. 宿舍房间的建筑面积不应大于 30m²，其他房间的建筑面积不宜大于 100m²。

e. 房间内任一点至最近疏散门的距离不应大于 15m，房门的净宽度不应小于 0.8m；房间建筑面积超过 50m² 时，房门的净宽度不应小于 1.2m。

3）其他防火要求：

a. 宿舍、办公用房不应与厨房操作间、锅炉房、变配电房等组合建造。

b. 会议室、文化娱乐室等人员密集的房间应设置在临时用房的第一层，其疏散门应向疏散方向开启。

c. 厨房宜采用电炊具。如现场使用煤气罐时，应按规范单独设置易燃易爆危险品库房，危险品库房不宜设置在生活区内。

4）各临时用房、临时设施的防火间距应满足《建设工程施工现场消防安全技术规范》（GB 50720—2011）规定，不应小于表 5-2-1 中规定。

表 5-2-1　　　　　　　临时用房、临时设施的防火间距　　　　　　　　　　m

名称	宿舍	配电房	可燃材料库房	厨房操作间、锅炉房
宿舍	—	4	5	5

名称	宿舍	配电房	可燃材料库房	厨房操作间、锅炉房
配电房	4	—	5	5
可燃材料库房	5	5	—	5
厨房操作间、锅炉房	5	5	5	—

5）生活区应符合消防要求，配备灭火器等消防器材，消防设施应采取防雨、防冻措施，并定期进行检查、试验，确保有效，消防器材应放置在明显、易取处。灭火器放置每组间隔不应大于 25m，厨房操作间、锅炉房、配电房、可燃材料库房应单独配备灭火器，灭火器配置应满足以下要求：

a. 灭火器的类型应与配备场所可能发生的火灾类型相匹配。

b. 灭火器的最低配置标准应符合表 5−2−2 的规定。

表 5−2−2　　　　　　　　　灭火器的最低配置标准

项目	固体物质火灾		液体或可熔化固体物质火灾、气体火灾	
	单具灭火器最小灭火级别（A）	单位灭火级别最大保护面积（m²/A）	单具灭火器最小灭火级别（B）	单位灭火级别最大保护面积（m²/B）
厨房操作间、锅炉房	2	75	55	1.0
配电房	2	75	55	1.0
宿舍	1	100	—	—
可燃材料库房	2	75	55	1.0

c. 每个场所的灭火器数量不应小于 2 具。

d. 灭火器的最大保护距离应符合表 5−2−3 的规定。

表 5−2−3　　　　　　　　　灭火器的最大保护距离　　　　　　　　　　　　m

灭火器配置场所	固体物质火灾	液体或可熔化固体物质火灾、气体火灾
厨房操作间、锅炉房	20	12
配电房	20	12
宿舍	25	—
可燃材料库房	20	12
易燃易爆危险品库房	15	9

5.2.1.2 生活区总平面布置的主要内容

（1）区域包含功能设施（停车场、运动场、晒衣区、宣传栏等）、生活设施（宿舍、洗衣房、淋浴间、活动室、厨房操作间、储藏室、餐厅、应急物资室等）、附属设施（卫生间、配电室及污水处理等），总体布置如图 5-2-1 所示。

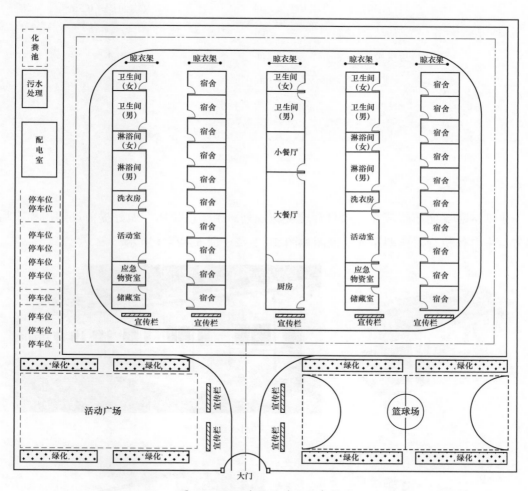

图 5-2-1 生活区总平面布置图

（2）宣传栏宜设置在生活区大门口两侧，卫生间设置要远离厨房操作间，应与洗衣房、淋浴间毗邻。

（3）房间最低配置数量如表 5-2-4 所示，具体根据实际需要、现场地形条件等因素设置房间大小。

表5-2-4　　　　　　　　　　　　各项目部房间最低配置设施表

序号	区域名称	单位	配备标准
1	宿舍	间	人均面积>2.5m²
2	卫生间	间	人均面积>0.3m²
3	洗衣房	间	1
4	淋浴间	间	人均面积>0.3m²
5	活动室	间	>35m²
6	厨房操作间	间	1
7	餐厅	间	1
8	储藏室	间	1
9	应急物资室	间	1

5.2.2　典型方案

生活区总平面布置应在《项目管理实施规划》中予以说明，做好提前策划，并在临建方案中具体执行，典型布置示例图如图5-2-2～图5-2-4所示。

图5-2-2　单层彩钢板式示例图

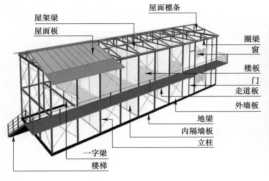

图5-2-3　双层彩钢板式示例图

图 5-2-4 集装箱式示例图

5.3 生活广场

5.3.1 围墙

生活区一般设置在站外区域，可采取租用当地民房或现场搭建方式进行布置。一般租用民房不再单独设置围墙。采用临建搭设时，一般为保证驻地安全要求在临建外围设置相关的隔离围栏，围栏一般采用镂空白色塑钢或铁护栏等透视围栏进行搭设。建议围栏高度 1600mm，栏杆间隔 130mm，水泥基座采用砖砌结构，水泥砂浆抹面，高 350mm。典型布置示例图如图 5-3-1 所示。

图 5-3-1 生活区围墙典型布置示例图

5.3.2 大门

生活区大门一般采用砖砌门柱，大门的宽度根据实际需求确定，多采用轻型电动门或铁门，典型布置示例图如图 5-3-2 所示。

5.3.3 标牌

生活区一般设置宣传栏、铭牌、提示标志等标牌。

5.3.3.1 宣传栏

在适当位置设立宣传栏（具体数量根据临建生活区规模进行布置），张贴工程的重要文档材料、安全标语及新闻报刊等，供职工闲暇时阅读，起到宣传和警示的作用，典型布置示例图如图5－3－3所示。

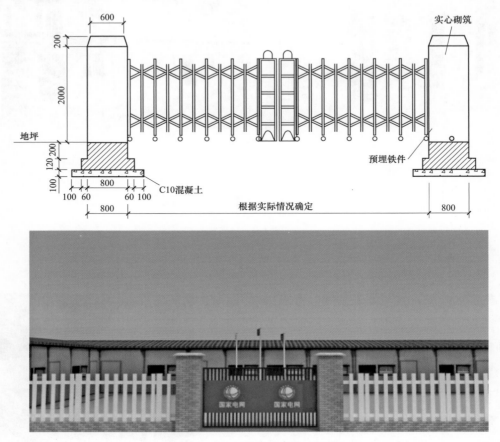

图5－3－2　大门典型布置示例图

材质要求框架采用不锈钢本色材料，顶棚宜采用亚克力板或彩钢板。尺寸要求为1200mm×1800mm，总高度为2200mm。

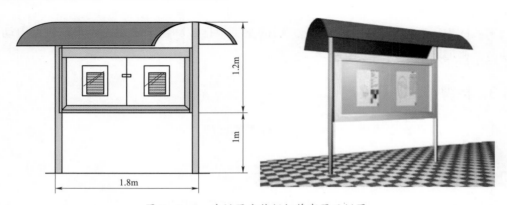

图5－3－3　生活区宣传栏标牌布置示例图

5.3.3.2 门牌

在生活区的寝室及卫生间需布置相应的门牌。门牌在大门顶部距门檐 80mm 处居中悬挂，铭牌采用不锈钢牌制作，尺寸要求为 300mm（长）×100mm（宽），以国网绿为基色，其典型布置示例图如图 5－3－4 所示。

图 5－3－4　铭牌布置示例图

5.3.3.3 提示标志

在生活区应设置相应的通行标志，具体数量和位置根据现场的实际需要进行布置，此类标志宜采用荧光材料，典型布置示例图参照本手册 2.7.1。

5.3.4 停车场

生活区应设置专门的停车场，停车场应进行硬化处理，并施画停车线。停车场的车位数量根据项目情况进行合理安排，车位显著的位置标明车牌号或区分项目部及社会车辆，以便集中车辆管理，典型布置示例图如图 5－3－5 所示。

5.3.5 绿化

生活区应合理绿化，保持环境优美整洁；应因地制宜，根据当地的土质、自然条件及植物的生态习性合理选择草种、树种或其他植物种类，并与周围的环境相协调；应定期维护，专人管理。典型布置示例图如图 5－3－6 所示。

5.3.6 运动区

生活区应合理规划运动区，为员工提供必要的文化娱乐设施。可选择性地设置篮球场和羽毛球场等设施，丰富职工业余文化生活，应专人管理，典型布置示例图如图 5－3－7 所示。

5.3.7 晾衣区

生活区应合理统一设置晾衣区，统一集中管理，典型布置示例图如图 5－3－8 所示。

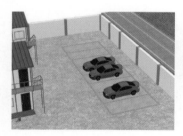

图5-3-5 停车场典型   图5-3-6 绿化典型   图5-3-7 运动区典型布
布置示例图   布置示例图   置示例图

图5-3-8 晾衣区典型布置示例图

5.4 员 工 宿 舍

5.4.1 设置原则

员工宿舍应按施工人数需要进行设置,应单人单床、禁止通铺。

5.4.2 布置要求

宿舍内应保证必要的生活空间,室内高度不低于2.5m,通道宽度不小于0.9m,人均使用面积不应小于2.5m²,每间宿舍居住人员不得超过6人,床铺不得超过2层,宿舍应设置可开启式窗户,保持室内通风良好。员工宿舍内设施应包含生活用品专柜、鞋柜或鞋架、垃圾桶等生活设施,夏季应有防暑降温措施,冬季应有取暖措施,宜设置空调、电暖器,根据实际情况也可设置烟感报警装置。员工宿舍典型布置示例图如图5-4-1所示。

图5-4-1 员工宿舍典型布置示例图

5.4.3　管理要求

（1）宿舍区应有专项管理制度并上墙，每间宿舍内应张贴应急逃生路径图、住宿人员一览表。

（2）生活区宜设置满足作业人员需求的饮水设施，饮用水应符合卫生要求，固定盛水容器应上锁，设专人管理。

（3）空调等大功率用电设施应使用专用回路，不得随意拉设电线，严禁使用电炉等大功率用电器或煤炉等明火设备取暖、做饭。

（4）宿舍区应设专人负责卫生等管理工作，宿舍内个人物品应摆放整齐，保持卫生整洁。

（5）宿舍区应配置灭火器，消防器材应放置在明显、易取处，且每个防火分区或每层楼设置灭火器不应少于 2 具。灭火器的配置最低要求及保护距离参照表 5－2－2 及表 5－2－3。

（6）宿舍不应与厨房操作间、锅炉房、变配电房等组合建造。宿舍二层板房应在两端设置楼梯，中间设置逃生杆或逃生梯，逃生杆底部设砂坑防止逃生伤害。

5.5　卫　生　间

5.5.1　设置原则

生活区内应设置水冲式或移动式卫生间，卫生间应根据生活区人员的数量设置。

5.5.2　布置要求

卫生间应有明显男女标志，相关位置应设置卫生间指路牌。卫生间内设施应包含蹲位、洗漱池、排风电器，蹲位之间应设隔板，高度不应低于 0.9m，墙面、地面应耐冲洗，地面应做防滑处理，洗漱池下水口应设置过滤网。卫生间下水与临建污水处理装置或化粪池连接，化粪池应作抗渗、防止坍塌处理，有条件时可与市政污水管线连接，典型布置示例图如图 5－5－1 所示。

5.5.3　管理要求

（1）卫生间应使用节水装置，提倡节约用水。

(a)   (b)

图 5-5-1　卫生间典型布置示例图
（a）水冲式卫生间；（b）移动式卫生间

（2）卫生间用电设施应满足用电安全，室内灯具、开关等电气设备必须防水，并通过漏电保护器连接。

（3）卫生间应设专人管理，定时清理、消毒、消杀，保持卫生间洁净，无明显异味。

（4）卫生间墙壁、屋顶应封闭，门窗齐全并通风良好。

5.6　洗　衣　房

5.6.1　设置原则

生活区应为员工设置洗衣房，配备洗衣用盥洗池或洗衣设施。

5.6.2　布置要求

洗衣房内应设置满足人员使用的水池和节水水龙头，也可设置洗衣机、烘干机，盥洗池及洗衣机的下水口应设置过滤网，与临建污水处理装置或化粪池连接，或与市政污水管线连接，典型布置示例图如图 5-6-1 所示。

图 5-6-1　洗衣房典型布置示例图

5.6.3　管理要求

（1）洗衣房应专人管理，提倡节约用水。

（2）洗衣房用电设施应满足用电安全，室内灯具、开关等电气设备必须防水，并通过漏电保护器连接。

5.7 淋 浴 间

5.7.1 设置原则

生活区应为员工提供洗浴设施，淋浴间应能满足人员需求。

5.7.2 布置要求

淋浴间内应包含冷、热水管和淋浴喷头，应设置储衣柜或挂衣架，以及至少一扇窗户和排风电器，淋浴间墙面、地面应耐冲洗，地面应做防滑处理，下水口应设置过滤网，与临建污水处理装置或化粪池连接，或与市政污水管线连接，典型布置示例图如图 5-7-1 所示。

图 5-7-1 淋浴间典型布置示例图

5.7.3 管理要求

（1）淋浴间的用电设施应满足用电安全，宜使用电热水器，电源必须防水并有单独漏电保护，室内灯具、开关等电气设备必须防水，并通过漏电保护器连接。

（2）严寒季节淋浴间入口应设防寒措施。

（3）使用燃气热水器时，热水器应选用强排型，不得直接安装在淋浴间内。

5.8 厨 房 操 作 间

5.8.1 设置原则

厨房操作间设置应遵循安全、卫生、实用、美观的原则。首先要保证煤气、电、水、各种工具的使用安全，需要配置临时消防措施；其次要保证厨房整洁、环境卫生，具备良好的排烟和污水处理系统。应注重各项布局的合理性和实用性，如炊具和其他物品的摆放、吊柜的高度和层次感等。

5.8.2 布置要求

厨房操作间设置内应包含液化气、炊具摆放处、操作台、水槽、灶台灶具、抽油烟机、排水沟等，宜设置冰箱、微波炉、消毒柜等，典型布置示例图如图5-8-1所示。

图5-8-1　厨房操作间典型布置示例图

5.8.3 管理要求

（1）食堂应按政府要求取得经营许可证、卫生合格证，食堂工作人员应取得健康证，以上三证应张贴公示。

（2）生活饮用水应符合国家标准，自采水应经有资质的检验机构检验合格。饮用水洁净度不满足国家标准时，应配备净水装置。生活废水与临建污水处理装置或化粪池连接，或与市政污水管线连接。

（3）厨房操作间内应采用防爆照明灯具，禁止使用碘钨灯照明。操作间内气、水应设置总闸和分闸，电器插座设置要远离水槽、液化气。各类电气设备在非工作时要断开电源，液化气在非工作时段要确保气源关闭。液化气罐应摆放在干燥、通风的地方并保持直立，严禁暴晒、倒立或撞击。

（4）面案、菜案应分别设置，生、熟食品应分别设置操作案板。

（5）厨房操作间应设置抽油烟机等除烟设备，保证通风系统完善。

（6）厨房操作间严禁闲杂人等进入，炊事人员应穿戴工作服、工作帽，并佩戴口罩。

（7）每次操作后要及时清理厨房操作间内台面及地面，确保操作间内环境卫生。下班前，要认真检查水、电、燃气等。

（8）厨房操作间内隔离门窗应采用防火材料，房间内应设置烟雾、温感探测器。此外，应在明显部位配置一定数量的干粉灭火器及灭火毯，用以扑灭油类火灾。

5.9 储 藏 室

5.9.1 设置原则

储藏室设置应遵循专用、通风、分区的原则。

5.9.2 布置要求

储藏室内设施应包含置物架、储藏柜、消防器材等，根据实际情况设置冰柜、冰箱等。

5.9.3 管理要求

（1）储藏室必须做到专用，不得存放杂物、有毒有害物质，以及酒精、煤油、液化气罐等易燃易爆危险品，不得住人。

（2）储藏室内物品应分类分区存放，各类物品应按规定位置存放整齐、稳固且不超过规定的高度。

（3）储藏室应保持良好通风，避免储存物品受潮、霉变。

（4）储藏室应设置粘鼠板、灭虫灯等设备，并定期清洁、整理、更换，确保室内干净卫生，杜绝虫鼠。

（5）储藏室应设置专人进行管理，并建立管理台账。管理人员应定期检查室内储藏物品，严禁无关人员进出储藏室。

5.10 员 工 餐 厅

5.10.1 设置原则

员工餐厅设置应遵循干净卫生、方便实用、宽敞明亮的原则。餐厅应有良好的通风和照明条件，不宜距离厨房操作间过远，方便上菜送餐。

5.10.2 布置要求

员工餐厅内设施应包含餐桌椅、空调（电扇）、消毒碗柜、洗手池、宣传标语等，根据实际情况也可设置电视。员工餐厅典型布置示例图如图5-10-1所示。

图5-10-1　员工餐厅典型布置示例图

5.10.3　管理要求

（1）餐厅应有健全的用餐卫生和预防食物中毒的管理制度。餐厅外部环境每天清扫三次，餐厅内要随时保洁，确保就餐环境干净卫生。

（2）餐厅墙壁应悬挂食堂卫生管理制度和文明用餐、节约粮食等宣传标牌等。

（3）餐厅关闭前要关闭门窗、检查各类电源、煤气是否关闭。

5.11　活 动 室

5.11.1　设置原则

生活区应设置活动室，为员工提供必要的文化娱乐设施，丰富员工业余文化生活。

5.11.2　布置要求

活动室应设置在临时用房的第一层，其疏散门应向疏散方向开启。文体活动室，可与食堂的餐厅兼用，面积不少于35m²。活动室内应选择性设置图书架、阅报栏、多媒体播放设备、乒乓球台等设施。活动室典型布置示例图如图5-11-1所示。

(a)　　　　　　　　　　　　　　(b)

图5-11-1　活动室典型布置示例图
（a）图书架布置示例图；（b）乒乓球台布置示例图

5.11.3 管理要求

（1）活动室应制定管理制度并上墙。

（2）文娱设施应由专人管理，并负责维护保养。

5.12 应急物资室

应急物资室设置原则、布置要求、标牌设置和管理要求等详见本手册 3.15 节。

6

材料站及加工区

6.1 总 体 要 求

（1）材料站及加工区应按照区域封闭、安全可靠、分布合理、标识清晰的原则进行布置。地点应选择在交通便捷、出入方便、临近施工场地的位置。选址前应深度踏勘，选择地质条件稳定、光照充足、通风良好、易于泄洪排涝的地区。材料站及加工区位置应与办公区、生活区、施工区统筹规划，相对独立，并设置实时监控设备，与当地居民保持一定距离，在醒目位置应张贴就近派出所联系人和报警电话。

（2）实行封闭管理，采用安全围栏或实体围墙进行围护、隔离、封闭，所有临建设施应具有抗风、防雨措施。

（3）场地硬化、平整、无积水。满足材料和机械设备定制化摆放及装卸、搬运、消防等要求。整体布局合理、物流通达、大小适宜、功能齐全，满足施工需求。适宜位置应设置必要的安全文明施工标牌、标语等宣传类设施，材料加工区大门口应设置铭牌。

（4）严格遵守国家工程建设节地、节能、节水、节材和保护环境法律法规，倡导绿色环保施工。尽可能少占耕（林）地等自然资源，严格控制规模，严禁随意弃土，施工后恢复地表原貌。

6.2 总 体 布 置

（1）工具间、库房等应采用轻钢龙骨活动结构、砖石砌体或集装箱式结构，临建设施应采用阻燃材料搭建，并有可靠的接地措施。临时工棚及机具防雨棚等宜为装配式结构。优先采用集装箱式结构，便于重复利用。

（2）材料、工具、设备应按定置区域堆（摆）放，标识清晰，设置材料、工具标识牌、设备状态牌和机械设备操作规程牌。

（3）各材料加工棚区域按布置图布设，加工棚立柱设置对角接地，并在明显位置设置安全标志及警示标语。

（4）钢筋加工区宜采用轨道移动式加工棚，便于装卸和储存材料。

总体布置划分为以下 15 个标准模块，如图 6-2-1 所示：

1）加工区大门及围墙；

2）材料管理办公室；

3）危险品保管区；

4）机械设备存放及维护保养区；

5）木工加工区；

6）钢筋加工区；

7）电气安装加工区；

8）材料堆放区；

9）机具及工具库房；

10）混凝土搅拌区；

11）废料保管区；

12）应急物资库房；

13）户内存放设备保管室；

14）现场油化室；

15）卫生间。

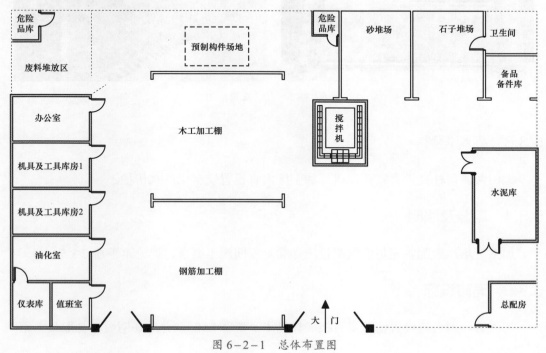

图 6-2-1　总体布置图

6.3 加工区大门及围墙

6.3.1 设置原则

出入口处应设置大门，并设车辆限速标识牌，必要时设广角镜。围墙采用全封闭结构。

6.3.2 布置要求

大门两侧设置门柱，大门可采用铁艺大门，开启灵活方便，尺寸为 1.5m×6m，双开门布置，门面设置标识牌。门宽应满足材料、设备的运输要求，也可采用轻型电动门。围墙宜采用装配式，尺寸 1.5m×3m，配 1.6m 立柱，底部设置 300mm 高砖砌围墙基座，如图 6-3-1 所示。围墙上可适当布置安全文明宣传标语。

图 6-3-1 大门及围墙图

6.3.3 标牌设置

大门两侧门柱宜设置宣传标语，加工区内宜设置安全生产宣传栏。

6.3.4 电源及照明

加工区场地应配备充足的照明设施，满足夜间施工要求，详见本手册 2.3.5。

6.3.5 消防设施

加工区场地内应设置消防器材柜（详见本手册 2.4.10），并放在明显、易取处。消防器材应使用标准的架、箱，应有防雨、防晒、防倾倒措施，每月检查并记录检查结果，定期检验，保证处于良好状态。

6.3.6　环保措施

材料加工区应做到"工完、料尽、场地清"，现场设置废料垃圾分类回收箱。对易产生扬尘污染的物料实施遮盖、封闭等措施，减少灰尘对大气的污染，详见本手册2.5节。

6.4　材料管理办公室

6.4.1　设置原则

办公室宜采用轻钢龙骨或集装箱式结构，与材料房整体色调一致。

6.4.2　布置要求

办公室内设施应包含办公桌、椅子、文件柜、打印机、空调等，应设置相应的标志标牌，适宜位置设置标语、展板等宣传设施。

6.4.3　电源及照明

材料管理办公室应配备充足的照明设施，详见本手册2.3.5。

6.4.4　标牌设置

材料管理办公室悬挂材料管理流程图牌，其大小宜为900mm（高）×600mm（宽），如图6-4-1所示。

6.4.5　消防设施

办公室门口配置两具手持式灭火器，灭火器材上张贴检查记录标识牌，详见本手册2.4.3。

6.4.6　环保措施

办公室门口设置垃圾分类回收箱，详见本手册2.5.1。

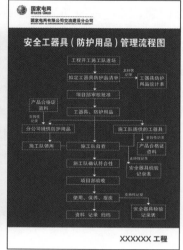

图 6-4-1 管理流程图

6.5 危 险 品 库

6.5.1 设置原则

存储易燃、易爆、有毒、有害物资等危险品,如乙炔气瓶、液化气瓶、氧气瓶、汽油、柴油、酒精、油漆等,应设置危险品库房。危险品库房应采用单层建筑,与各类建筑物的防火间距应符合安规要求,独立设置在远离主要施工区域和生活、办公区域的位置,远离明火作业区、人员密集区和建筑物相对集中区,不应布置在架空电力线下,与正在施工的永久性、临时建筑距离不应小于 20m,与材料仓库及露天堆场距离不应小于15m,与木材堆场距离不应小于 25m。

6.5.2 布置要求

危险品库的大小和数量根据实际需求确定,一般设置燃油 1 间、油漆稀料 1 间和其他化学品 1 间,单间不小于 3m×3m。库房应采取避雷及防静电接地措施,屋面应采用轻型结构,应设置通风窗,门板下方设置通风口,门窗向外开启,如图 6-5-1 所示。

库房内设材料架,易燃易爆等危险品分类摆放。根据危险品性质选择合适的存放方式,气瓶不得与易燃物、易爆物混放,不得靠近热源和电气设备,氧气瓶和乙炔气瓶、液化石油气瓶间的距离不得小于 5m。空瓶和实瓶同库存放时,应分开放置,间距不应小于 1.5m。乙炔气瓶、液化石油气瓶应保持直立,并应有防止倾倒的措施。汽油、酒精、油漆及稀释剂等挥发性易燃材料应密封存放。

图 6-5-1　危险品库

6.5.3　标牌设置

危险品库房内应悬挂危险品物理化学性质牌。库房门外应悬挂危险品库铭牌（含责任人）、管理制度牌和重点防火部位牌，根据危险品类型选择相应安全标志牌。危险品库铭牌（含责任人）、重点防火部位牌规格为 400mm×600mm，管理制度牌规格为 900mm×600mm，宜采用 PVC 材质彩绘喷制，底色应采用国网绿，并根据物品品种选择相应安全警示牌，如图 6-5-2 所示。

图 6-5-2　危险品库图牌

6.5.4　电源及照明

危险品仓库应采取避雷及防静电接地措施，并采用防爆型电气设备，如图 6-5-3 所示，开关应装在室外。

图 6-5-3　防爆灯

6.5.5　消防设施

危险品库区域应设置消防器材柜（详见本手册 2.4.10），并放在明显、易取处。消防器材应使用标准的架、箱，应有防雨、防晒、防倾倒措施。每月检查并记录检查结果，定期检验，保证处于良好状态。

6.5.6　环保措施

危险品库区域应设置专门回收装置，不得随意处置和丢弃，汽油、酒精、油漆及其稀释剂等挥发性易燃材料应密封存放，避免泄漏。

6.6　机械设备存放及维护保养区

6.6.1　设置原则

机械设备存放及维护保养宜设置在行驶方便之处，区域大小根据现场机械数量而定。

6.6.2　布置要求

机械设备区地面设置停车线，分类停（摆）放整齐。区域宜采用硬质围栏和周边区域隔离。露天使用时，应有防雨设施。

6.6.3　标牌设置

机械设备应设置设备状态牌和操作规程牌。设备状态牌用于表明施工机械设备状态，分完好机械、待修机械及在修机械三种状态牌，规格为 300mm×200mm 或 200mm×140mm，机械完好状态牌中部为蓝色（C100），底部为绿色（C100 Y100），机械待修状态牌中部为蓝色（C100）、底部为黄色（Y100），机械在修状态牌中部为蓝色（C100）、底部为红色（M100 Y100），如图 6-6-1 所示。根据机械种类张贴相应的操作规程牌，如图 6-6-2 所示。

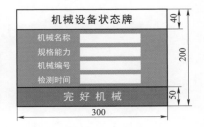

图 6-6-1　机械设备状态牌示例图

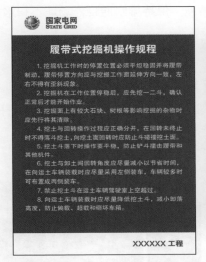

图 6-6-2　操作规程牌示例图

6.6.4　电源及照明

机械设备存放及维护保养区应配备充足的照明设施，满足夜间施工要求，详见本手册 2.3.5。

6.6.5　消防设施

机械设备存放及维护保养区根据区域大小配置相应数量的手持式灭火器，灭火器材上张贴检查记录标识牌，详见本手册 2.4.3。

6.6.6　环保措施

机械设备存放及维护保养区应设置废油收集器，按规定回收处置，如图 6-6-3 所示。

图 6-6-3　废油收集器示例图

6.7 木工加工区

6.7.1 设置原则

　　木工加工区应远离危险品库房、电（气）焊加工区等危险及动火区域，宜划分为三个区域：原料堆放区、集中加工区和成品堆放区，三个区域按序设置，便于流水作业。加工区 10m 范围内不得有明火，周围应有排水措施，保持排水通畅，场地不积水。

6.7.2 布置要求

　　木工加工区地面宜采取硬化处理，加工棚可采用固定式桁架结构，立柱为 150mm×150mm 方管，檩条为 40mm×40mm 方钢，顶棚为 0.5mm 厚压型钢板，立柱设置对角接地，如图 6-7-1 所示。

图 6-7-1　木工加工区布置示例图

6.7.3 标牌设置

　　加工机械周边应悬挂操作规程牌，如图 6-7-2 所示，木工加工区应设置重点防火部位牌和警示标志，如图 6-7-3 和图 6-7-4 所示，加工棚外沿下宜设置宣传提示标语。

6.7.4 电源及照明

　　加工区内应配备充足的照明设施，满足夜间施工要求，详见本手册 2.3.5。

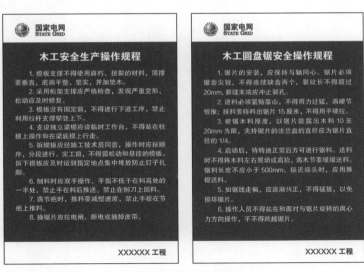

图 6-7-2　木工加工区操作规程牌示例图

图 6-7-3　重点防火部位牌示例图

图 6-7-4　木工加工区警示标志

6.7.5　消防设施

原料堆放区、集中加工区和成品堆放区分别配置 2 具手持式灭火器，灭火器材上张贴检查记录标识牌，详见本手册 2.4.3。

6.7.6　环保措施

木工加工区应设木材废料回收箱（区）；圆盘锯应配备锯末、木屑的回收装置，并及时清理，如图 6-7-5 所示。

图 6-7-5　圆盘锯的锯末、木屑回收装置

6.8 钢筋加工区

6.8.1 设置原则

钢筋加工区宜分为三个区域：原料堆放区、集中加工区和半成品堆放区，三个区域按序设置，便于流水作业。

6.8.2 布置要求

钢筋加工区地面宜采取硬化处理。加工棚布置要求同本书 6.7.2。堆放区地面宜布置轨道，利用轨道将棚体移动至一侧后，方便钢筋吊装，如图 6-8-1 所示。加工区周围应有排水措施，保持排水通畅，场地不积水。材料及半成品应离地 300mm 堆放，宜采用道木或砖垛支垫。

图 6-8-1　钢筋加工区

6.8.3 标牌设置

加工机械周边应悬挂操作规程牌，规格为 900mm×600mm，如图 6-8-2 所示。加工棚外沿下宜设置宣传提示标语。

6.8.4 电源及照明

加工区内应配备充足的照明设施，电源线应装设套管埋设，详见本手册 2.3.5。

图 6-8-2 钢筋加工操作规程

6.8.5 消防设施

集中加工区配置 2 具手持式灭火器，灭火器材上张贴检查记录标识牌，详见本手册 2.4.3。

6.8.6 环保措施

钢筋加工区内应设置钢筋废料箱，加工机械宜配置接油盒或吸油毡，详见本手册 2.5 节。

6.9 电气安装加工区

6.9.1 设置原则

电气安装加工区宜集中设置，满足金属件切割、烤制、制弯、磨削、焊接、钻孔等作业，以及原材料成品摆放需求。

6.9.2 布置要求

加工区应宽敞、平坦，工作台应稳固，并搭设作业棚，作业棚宜为轻钢结构。加工棚、机械设备等均应设有可靠接地并配置消防设施。加工区周围应有排水措施，保持排水通畅，场地不积水。

6.9.3 标牌设置

加工区机械应悬挂设备状态牌和操作规程牌，详见本手册 6.6.3；堆放材料应设置标识牌，详见本手册 6.10.3。

6.9.4 电源及照明

加工区内应配备充足的照明设施，电源线应装设套管埋设，详见本手册 2.3.5。

6.9.5 消防设施

加工区根据区域大小配置相应数量的手持式灭火器，灭火器材上张贴检查记录标识牌，详见本手册 2.4.3。

6.9.6 环保措施

加工区内应设置废料垃圾分类回收箱，加工机械宜配置接油盒或吸油毡，详见本手册 2.5 节。

6.10 材 料 堆 放 区

6.10.1 设置原则

材料堆放区应按施工总平面布置进行定置化管理，按材料种类分开设置。应至少设置

1 间独立库房，并配置材料货架，用于摆放线缆、螺栓、器材辅件及少量定制金属件等。当现场存放袋装水泥时，应设置专用库房。材料堆放区域周围应有排水措施，保持排水通畅，场地不积水。

6.10.2 布置要求

临时材料堆场应设置在平整坚实场地，采用硬式隔离围栏围护（详见本书 2.8 节）。长、大件器材的堆放应有防倾倒措施。

水泥预制件、钢管、模板、木料、碎石、绝缘子等可露天堆放材料，应集中分类摆放，分别设置独立围栏，材料与围栏应留有 0.5m 以上的间距，并设材料标识牌和状态牌。绝缘子应包装完好，堆放高度不宜超过 2m。钢管堆放的两侧应设立柱，堆放高度不宜超过 1m，层间可加垫。建筑用砂的堆放应砌筑砂池，占地面积宜在 20m² 以上。未拆封的材料箱、筒摆横卧不超过 3 层、立放不超过 2 层，层间应加垫，两边设立柱。瓷质材料拆箱后，应单层排列整齐，不得堆放，并采取防碰措施。

6.10.3 标牌设置

材料堆放区应设置材料标识牌，用于标明材料状态，分合格品、不合格品两种状态牌，规格为 300mm×200mm 或 200mm×140mm。合格品标识牌中部为蓝色（C100），底部为绿色（C100 Y100）；不合格品标识牌中部为蓝色（C100），底部为红色（M100 Y100）。材料标识牌示例图如图 6-10-1 所示。

6.10.4 电源及照明

材料堆放区内应配备充足的照明设施，满足夜间施工要求，详见本手册 2.3.5。

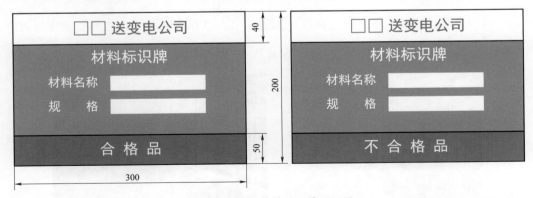

图 6-10-1 材料标识牌示例图

6.10.5　消防设施

材料堆放区按至少每100m²配置2具手提式灭火器,灭火器材上张贴检查记录标识牌,详见本手册2.4.3。材料堆放区应设置明显的消防通道,并不得占用。

6.10.6　环保措施

材料堆放区内设置废料垃圾分类回收箱,详见本手册2.5.1。

6.11　机具及工器具库房

6.11.1　设置原则

机具及工器具库房宜为集装箱式活动房或轻钢龙骨活动房,如图 6-11-1 和图 6-11-2 所示。

图 6-11-1　集装箱式活动房　　　　　　图 6-11-2　轻钢龙骨活动房

6.11.2　布置要求

机具、工器具应按区域定置化摆放,如图 6-11-3 所示。材料、工具货架牢固可靠,颜色统一,分层合适。

图 6-11-3　工器具堆放

6.11.3 标牌设置

机具及工器具应设置工具状态牌，用于标明工具状态，分完好合格品、不合格品两种状态牌，规格为 300mm×200mm 或 200mm×140mm，合格品标识牌中部为蓝色（C100），底部为绿色（C100 Y100）；不合格品标识牌中部为蓝色（C100），底部为红色（M100 Y100），如图 6－11－4 所示。

6.11.4 电源及照明

机具及工器具库房应配备充足的照明设施，详见本手册 2.3.5。

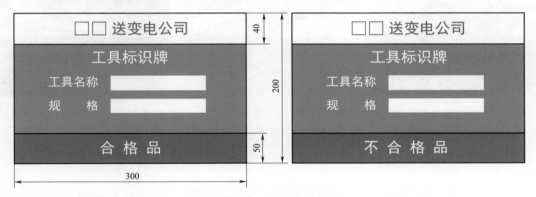

图 6－11－4　工具标识牌示例图

6.11.5 消防设施

机具及工器具库房配置 2 具手提式灭火器，灭火器材上张贴检查记录标识牌，详见本手册 2.4.3。

6.11.6 环保措施

机具及工器具库房门口设置垃圾分类回收箱，详见本手册 2.5.1。

6.12　混凝土（砂浆）搅拌区

6.12.1 设置原则

混凝土（砂浆）搅拌区宜设置在砂石堆场附近，方便上料。应在搅拌机卸料侧设置沉淀池。场地应有排水措施，保证排水通畅，场地不积水。

6.12.2 布置要求

搅拌区地面宜采用混凝土硬化，场地排水通畅、不积水。搅拌机宜设置遮雨棚，如图 6-12-1 所示。砂石应按规格种类分隔放置，宜采用砖砌或混凝土现浇隔档。砂石表面应采用密目网或彩条布遮盖，宜采用封闭式轻钢结构防尘棚，如图 6-12-2 所示。水泥库房应设置进口和出口，地面架空不小于 300mm，铺设木板和彩条布，如图 6-12-3 所示。

 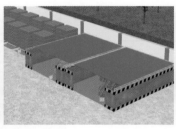 

图 6-12-1　混凝土搅拌机　　　图 6-12-2　砂石堆放区　　　图 6-12-3　水泥库房内布置

6.12.3 标牌设置

混凝土（砂浆）搅拌区域应设置区域牌，水泥库房悬挂管理制度，如图 6-12-4 所示。搅拌机周围设置安全警示牌、操作规程牌和混凝土（砂浆）配合比牌，如图 6-12-5 所示。

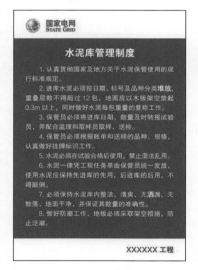

图 6-12-4　水泥库管理制度示例图　　　　　图 6-12-5　配合比标牌示例图

6.12.4 电源及照明

混凝土（砂浆）搅拌机电源线应装设套管埋设。搅拌区内应配备充足的照明设施，满足夜间施工要求，详见本手册 2.3.5。

6.12.5 消防设施

搅拌机械附近应至少配置 2 具手提式灭火器，灭火器材上张贴检查记录标识牌，详见本手册 2.4.3。

6.12.6 环保措施

混凝土（砂浆）搅拌区应设置两级及以上沉淀池，有组织收集和沉淀泥浆水，泥浆水不得直接排入农田、池塘、城市雨污水管网，如图 6-12-6 所示。砂石堆场应采用密目网或彩条布遮盖，减少扬尘。

图 6-12-6　搅拌区沉淀池

6.13　应急物资库房

6.13.1　设置原则

现场应设置独立应急物资库房，用于存储应急物资，应设在明显、交通方便、易取处。

6.13.2　布置要求

应急物资库房内地面应坚实、平整、不积水，物资货架应稳固可靠，货架下层离地高度不小于 30cm 或下铺防潮衬垫。应急物资按类、分区域存放于货架上，摆放整齐有序，如图 6-13-1 所示。

图 6-13-1　应急库房货架

6.13.3　标牌设置

应急物资库外墙上应悬挂管理制度，应急物资按种类设置标识牌。

6.13.4　电源与照明

应急物资库房应配备照明设施和应急照明设施，详见本手册 2.3.5。

6.13.5　消防设施

应急物资库房外配置 2 具手提式灭火器，灭火器材上张贴检查记录标识牌，详见本手册 2.4.3。

6.13.6　环保措施

应急物资库房设置垃圾分类回收箱，详见本手册 2.5.1。

6.14　户内存放设备保管室

6.14.1　设置原则

现场宜设置户内存放设备保管室，用于临时存放户内电气设备，主要包括 SF_6 气体、精密仪器仪表、试验设备、盘柜等存放要求较高的电气设备。保管室可分为封闭和半封闭两种型式，保管室大小应能满足户内电气设备临时存放要求。

6.14.2　布置要求

保管室地面应坚实、平整、不积水。存放 SF_6 气瓶宜采用半封闭保管室，可采用轻钢结构。存放精密仪器仪表、试验设备和盘柜等应采用封闭保管室，可采用轻钢结构活动房或集装箱式活动房。户内存放设备保管室应按类别进行分区摆放。

6.14.3　标牌设置

保管室内应悬挂管理制度牌，规格宜为 900mm×600mm。户内存放设备设置材料标识牌，规格为 300mm×200mm 或 200mm×140mm，详见本手册 6.10.3。

6.14.4　电源与照明

户内存放设备保管室应配备充足的照明设施，详见本手册 2.3.5。

6.14.5　消防设施

户内存放设备保管室内配置 2 具手提式灭火器，灭火器材上张贴检查记录标识牌，详见本手册 2.4.3。

6.14.6　环保措施

保管室门口设置垃圾分类回收箱，详见本手册 2.5.1。

6.15　现 场 油 化 室

6.15.1　设置原则

新建变电站工程现场宜设置油化室用于现场设备油样分析。现场油化室应远离危险品库房、电气加工区等危险及动火区域，以及砂石材料堆放等飞尘较多区域。

6.15.2　布置要求

油化室应设置强排通风设施，门窗向外开启，室内设仪器台、办公座椅及文件柜等，根据需要设置空调、取暖器等。布置形式如图 6-15-1 所示。

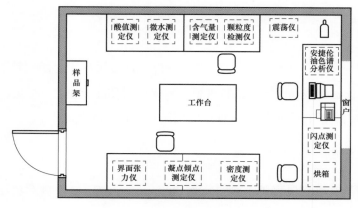

图 6-15-1 油化室设置示意图

6.15.3 标牌设置

油化室内应悬挂相关试验的操作制度，标牌规格宜为 900mm×600mm，油化室外应悬挂重点防火部位牌，如图 6-7-3 所示。

6.15.4 电源及照明

油化室内应配备防爆照明设施（详见本手册 6.5.4）和应急照明设施（详见本手册 2.3.5）。

6.15.5 消防设施

油化室内配置2具手提式灭火器，灭火器材上张贴检查记录标识牌，详见本手册2.4.3。

6.15.6 环保措施

油化室应设置垃圾分类回收箱及废油回收装置，不得随意处置和丢弃，详见本手册 2.5.1 和 2.5.3。

6.16 卫 生 间

卫生间的设置原则、布置要求和管理要求详见本手册 5.5 节。

7

施 工 现 场

7.1 总 体 要 求

（1）统一规划。施工单位应结合现场场地条件、施工需求对施工现场安全文明施工设施进行统一规划，严格落实安全文明施工"六化"要求。规划重点应包括施工现场总平面布置、安全文明施工模块化布置、视觉识别（Visual Identity，VI）统一布置等。

（2）分区管理。施工单位应对施工现场进行合理分区，在各分区内进行安全文明施工设施布置。特高压变电工程一般按照不同电压等级配电装置划分施工区，在各施工区内按间隔或作业范围划分作业区。在施工区布置施工用电、施工消防、施工照明、施工通道、施工值守、材料保管与临时加工、标志标牌等必要的安全文明施工模块化设施。

（3）动态调整。施工单位应根据施工进展、季节气候、管理要求对施工现场安全文明施工设施进行及时配置和动态调整，在作业准备时按标准化要求配置安全文明施工设施，在作业期间及时维护安全文明施工设施。监理单位应在单位工程开工条件确认、过程安全检查等环节对施工现场安全文明施工设施进行监督检查、验收。

7.2 总 体 布 置

7.2.1 施工现场总平面布置

（1）施工现场总平面布置的主要原则：① 应符合国家安全、职业健康与环境管理的有关规定，符合《国家电网有限公司输变电工程安全文明施工标准化管理办法》（国网（基建/3）187—2019）有关要求；② 应分区清晰、合理，各分区应覆盖整个施工现场无死角；③ 应便于施工组织，尽量避免在同一局部区域有多个施工单位同时作业、相互干扰。

（2）施工现场总平面布置的主要内容：① 施工现场共用施工道路、施工区内部主要施工通道的位置（宽度），与站外交通的衔接方式；② 施工现场的边界（一般为站区围墙），各施工区分区的边界；③ 施工现场一、二、三级电源箱的布置位置、电源线路径及敷设方式；④ 施工现场集中照明和分散照明装置的布置方式；⑤ 施工现场集中消防站的布置位置及布置方式；⑥ 施工现场材料临时加工区、设备/材料（包括周转材料）临时存放保管区、集中滤油区、危险品库等专用施工区域的布置位置（占用范围）；⑦ 施工现场休息室、值守室、移动厕所等专用区域的布置位置（占用范围）；⑧ 其他。

（3）施工总平面布置应在《项目管理实施规划》中做详细说明，以施工总平面布置图的方式体现，如图7-2-1所示。

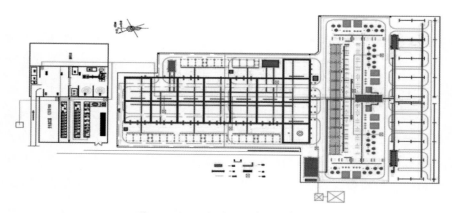

图7-2-1　典型施工总平面布置图

7.2.2　施工现场分区布置

施工现场应按照施工区域、作业区、作业点进行分阶段、分区布置，并动态调整，参考表7-2-1。

表7-2-1　　　　　　　　　　　施工现场分区参考方案

施工区域	作业区	
	土建阶段	电气阶段
主变压器施工区域	×号主变压器基础及防火墙作业区	主变压器集中滤油区
	主变压器前方站内主道路作业区	×号主变压器（×相）安装及调试作业区
	主变压器区域电缆沟作业区	主变压器区域电缆敷设作业区
	主变压器区域管道作业区	

施工区域	作业区	
	土建阶段	电气阶段
1000kV 配电装置施工区域	1000kV 构支架基础作业区	1000kV GIS/HGIS 安装作业区
	1000kV GIS/HGIS 基础作业区	1000kV 高压电抗器集中滤油区
	1000kV 高压电抗器基础作业区	1000kV 高压电抗器安装作业区
	1000kV 构支架安装作业区	1000kV 架空线压接作业区
	1000kV 保护小室基础及上部建筑作业区	1000kV 架空线安装作业区
	1000kV 区域道路作业区	1000kV 保护小室电气安装作业区
	1000kV 区域电缆沟作业区	
	1000kV 区域管道作业区	
500kV 配电装置施工区域	500kV 构支架基础作业区	500kV GIS/HGIS 安装作业区
	500kV GIS/HGIS 基础作业区	500kV 管母线焊接/架空线压接作业区
	500kV 构支架安装作业区	500kV 管母线/架空线安装作业区
	500kV 保护小室基础及上部建筑作业区	500kV 保护小室电气安装作业区
	500kV 区域道路作业区	
	500kV 区域电缆沟作业区	
	500kV 区域管道作业区	
110kV 配电装置施工区域	×号主变压器 110kV 侧×分支母线支架基础及设备基础作业区（一般采取分区大开挖的方式）	×号主变压器 110kV 侧×分支母线安装作业区
	主变压器、站用电及 110kV 保护小室基础及上部结构作业区	×号主变压器 110kV 侧×分支母线设备安装作业区
	110kV 区域道路作业区	主变压器、站用电及 110kV 保护小室设备安装作业区
	110kV 区域电缆沟作业区	
	110kV 区域管道作业区	
站前区域	主控楼基础及建筑作业区	主控室、计算机室、通信机房、蓄电池室设备安装作业区
	消防水池、消防泵房基础及建筑、消防设备安装作业区	
	备品库基础及建筑作业区	

7.2.3 施工现场标牌布置

（1）编号规则。施工现场标牌采用四位字符编号，规则如下：

1）第 1 位标志标牌的版面尺寸，分为 A、B、C、D 四类，其中 A 类版面尺寸为 3000mm×2000mm（主要用于"四牌一图"等大型标牌）、B 类版面尺寸为 1800mm×1200mm（主要用于施工区、作业区标牌）、C 类版面尺寸为 1350mm×900mm（主要用于大型机具操作规程牌等）、D 类版面尺寸为 900mm×600mm（主要用于小型机具操作规程牌、状态标志牌、设备/材料标志牌等）。

2）第 2 位表示标牌的版面方向，分为 1、2 两类，其中 1 类为横向（长边为水平边）、2 类为竖向（长边为竖向边）。

3）第 3 位表示标牌的版面颜色，分为 G、R 两类，其中 G 类为国网绿（Green）、R 类为国网红（Red）。

4）第 4 位表示标牌的固定方式，"Z"表示标牌通过立柱固定，"X"表示标牌通过其他方式（如悬挂、粘贴等）固定。

如编号为 A1GZ 的标牌，表示版面尺寸为 3000mm×2000mm、横向（高 2000mm，宽 3000mm）、底色为国网绿、带立柱的版面。

（2）版面内容。施工现场安全文明施工标牌分为：① "四牌一图"等大型标牌，用于介绍工程总体情况、对外宣传展示；② 施工区及作业区管理类标牌，用于指导现场作业；③ 设施、机具、材料等标牌，用于设施、机具、材料的状态。施工现场安全文明施工标牌的内容示例见表 7-2-2。

表 7-2-2   施工现场标牌内容示例图

标牌名称、版面内容	版面样式（示意）
"四牌一图"等大型标牌	
【工程概况牌】公示工程项目名称及工程简要情况介绍	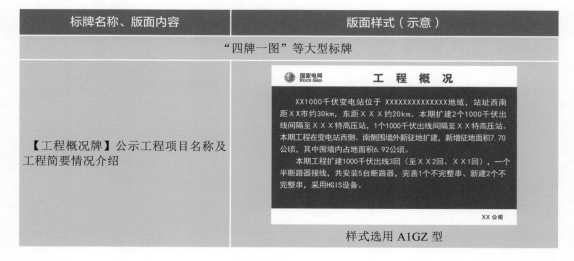 样式选用 A1GZ 型

标牌名称、版面内容	版面样式（示意）
【工程项目管理目标牌】明确本项目管理目标，包括安全、质量、工期、文明施工及环境保护等目标内容	 样式选用 A1GZ 型
【工程项目建设管理责任牌】公示本项目各参建单位及主要负责人等内容	 样式选用 A1GZ 型
【安全文明施工纪律牌】明确本项目安全文明施工主要要求	 样式选用 A1GZ 型
【施工总平面布置图】根据本工程实际绘制，应包括办公、生活、材料设备堆放、加工等区域及变电主要功能区划分	 样式选用 A1GZ 型

标牌名称、版面内容	版面样式（示意）
【工程鸟瞰图】工程整体鸟瞰图，可与"工程概况牌"结合	 样式选用 A1GZ 型
施工现场入口标牌	
【个人安全防护用品佩戴自检对照牌】说明工作服、安全帽、安全带、工作鞋等现场作业人员必须佩戴的个人安全防护装备的正确佩戴方法、检查要点、常见错误佩戴示例，牌面设镜子一面	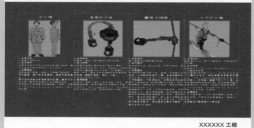 样式选用 B1GZ 型
【工程应急联络牌】公示现场应急工作组主要成员的姓名、应急联系电话号码、值班电话号码、常用公共电话号码、就近送医路线图等内容。要求与《现场应急处置方案》保持一致，要求各公示的联系电话号码能正常接通。本标牌也可布置在临建办公区	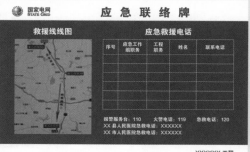 样式选用 B1GZ 型
【施工现场安全注意事项告知牌】逐项明确现场作业人员应知应会的主要安全注意事项。用于提醒施工作业人员	 样式选用 B1GZ 型

标牌名称、版面内容	版面样式（示意）
	施工区标牌
【施工区概况牌】说明施工区名称、分区作业工作内容、三个项目部分区管理人员姓名及照片	 样式选用 B1GZ 型
【施工区平面布置图】以平面图的方式明确施工区安全隔离、施工用电、施工用水、施工消防、施工照明、施工通道（含大型机械进出场路线）、设备及材料存放、施工值守、作业区等定置化、模块化安全文明施工设施布置情况。牌面内容应与现场实际布置保持基本一致	 样式选用 B1GZ 型
【质量通病防治牌】说明本施工区质量通病的防治项目、防治措施、防治责任人。牌面内容应随施工阶段变化而对应更新	 样式选用 B1GZ 型
【标准工艺牌】说明本施工区标准工艺的工艺编号、工艺名册、工艺标准、施工要点、图片示例、责任人。可展示标准工艺流程图。牌面内容应随施工阶段变化而对应更新	 样式选用 B1GZ 型

标牌名称、版面内容	版面样式（示意）
作业区标牌	
【岗位责任牌】说明作业区名称、作业地点、作业时间（计划工期），公示施工负责人、安全监护人、质量及技术负责人（即作业层班组三种人）的信息。牌面内容应与施工作业票一致	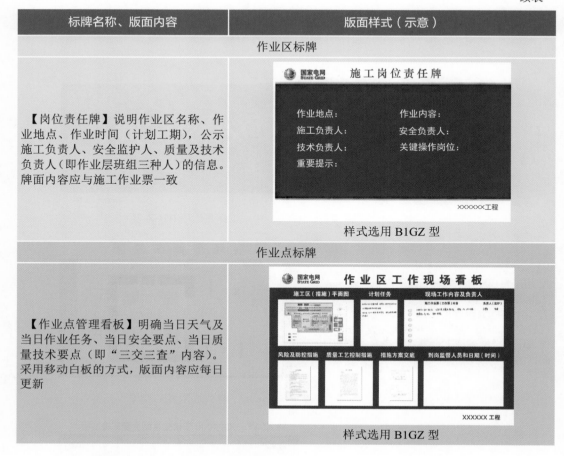 样式选用 B1GZ 型
作业点标牌	
【作业点管理看板】明确当日天气及当日作业任务、当日安全要点、当日质量技术要点（即"三交三查"内容）。采用移动白板的方式，版面内容应每日更新	样式选用 B1GZ 型

7.3 施工现场公共设施

7.3.1 进站道路及大门

（1）大型标牌：在进入施工现场的主通道旁应设置大型标牌。大型标牌应包括工程项目概况牌、工程项目管理目标牌、工程项目建设管理责任牌、安全文明施工纪律牌、施工总平面布置图等"四牌一图"，现场可以根据实际增加其他大型标志牌（如企业文化宣传、社会责任宣传等）。内容及样式见表7-2-2，布置效果如图7-3-1所示。

（2）进站门楼：在进入施工现场的主通道上应设置进站门楼。进站门楼由立柱与横梁组成，结构和尺寸应满足大件运输进场要求。宜采用钢结构制作，骨架由方钢焊接并做防锈处理，用镀锌铁皮蒙面。外表贴国网绿广告布，其中立柱贴宣传标语，横梁贴工程规范化简称（国网绿底白字、粗黑体）。布置效果如图7-3-2所示。

图7-3-1 "四牌一图"大型标牌   图7-3-2 进站门楼

（3）进站大门：在进入施工现场的围墙开口处应设置进站大门。进站大门的尺寸、强度应满足工程实际（安全保卫）要求，可采用折叠伸缩式、拉杆式、抬杆式、钢板推拉门式等型式，操作方式可采用电动和手动方式。进出通道应采取人车分离方式，其中人员进出通道为门禁闸机。布置效果如图7-3-3～图7-3-5所示。

图7-3-3 抬杆式大门   图7-3-4 推拉式大门

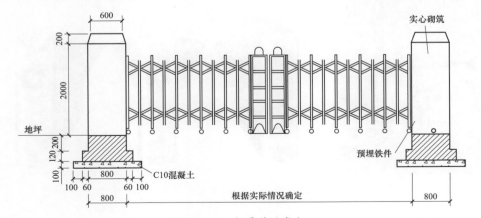

图7-3-5 折叠伸缩式大门

（4）门卫室：在进站大门附近应设置门卫室，推荐布置在进站大门外侧。门卫室可采用成品屋或彩钢板屋，面积应满足 2 人同时上班的需求，室内应设壁柜（用于放置备用安全帽）、办公桌椅、空调/取暖器等设施。布置效果如图 7-3-6 和图 7-3-7 所示。

图 7-3-6　门卫室（成品房）　　　　　图 7-3-7　门卫室（彩钢板房）

（5）门禁系统：在进入施工现场的围墙开口处应设置门禁系统。门禁系统应按照《国网基建部关于全面推行 e 安全应用》（基建安质〔2019〕62 号）和《国家电网有限公司关于全面实施输变电工程参建人员实名制信息化全程管控的通知》（国家电网基建〔2019〕108 号）等相关文件要求进行布置，应配置闸机和人员信息采集系统，如图 7-3-8 所示。门禁系统可与进站大门、门卫室联合布置，统一构成人车分离的进出通道、值班和出入管理的单元，如图 7-3-9 所示。

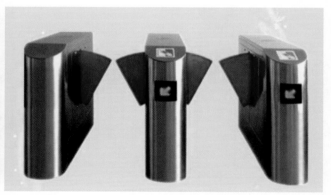

图 7-3-8　门禁系统

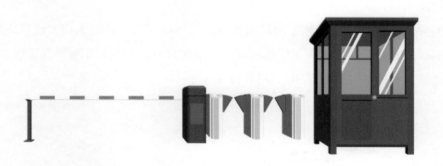

图 7-3-9 进站大门、门禁系统、门卫室联合布置示意图

（6）施工现场入口标牌：在进站大门的站外侧道路旁应设置施工现场入口标牌。可结合站外安全交底区进行布置。施工现场入口标牌应包括个人安全防护用品正确佩戴示意图、工程应急联络牌、施工现场风险告知牌、施工现场安全注意事项告知牌等，可根据需要设置其他宣传标牌，内容及样式见表 7-2-2。

（7）站外交通设施：在进站道路、站外临时施工道路附近应设置国家标准式样的路标、交通标志、限速标志、限高标志（装置）和减速带。与外部道路（如国道、省道）的接口处宜设工程名称指示牌，样式选用 B1GZ 型，如图 7-3-10 所示。

图 7-3-10 站外交通设施示例图

7.3.2 站内道路

（1）安全围栏及安全标志：在站内道路两侧应设置安全围栏，配置相应的安全标志和必要的宣传标牌。站内道路安全围栏可采用钢管扣件组装式安全围栏、门形组装式安全围栏或格栅式围栏（一般采用格栅式围栏，详见本手册 2.8.2 围栏 A-02）。安全围栏应稳定可靠地固定在站内道路路边或安装在站内主道路路面上，整齐划一。应根据需要

合理设置出入口。

（2）站内交通设施：在施工现场施工道路汇集处（邻近进站大门）设置应施工区域方向指示牌、限速标志、限高立杆或横杆。指示牌材质为铝板和钢管，指示牌双面书写，字涂反光漆，如图7-3-11和图7-3-12所示。

图7-3-11　施工区域指示牌

（3）安全文明施工标牌：根据需要在站内道路合适位置应集中设置安全文明施工标牌，如安全文化长廊、质量文化长廊。标牌埋设应安全、稳固、可靠，样式选用 B1GZ型，如图7-3-13所示。

图7-3-12　限速标志牌、限高杆

图7-3-13　安全文化长廊

7.3.3　其他公共设施

（1）休息区：在站内不影响施工的区域应设置休息驿站/凉亭。房子/亭子由彩钢板制作。地面采用地砖铺设，或水泥硬化，配置板凳、桌子、饮水机、垃圾桶等，如图7-3-14所示。

图 7-3-14 施工现场休息区示例图

（2）临时卫生间：在现场不影响施工且方便使用的位置应设置临时卫生间。采用成品卫生间或采用彩钢板搭建。地面水泥压光，内墙面贴瓷砖（高度 1.5m），其余水泥压光、拉毛。配置盥洗池（水龙头）、卫生间隔断、冲水式蹲便器（建议采用脚踏式冲水方式），以及洗手液或免洗消毒液、卷纸等。应设专人进行日常保洁。卫生间污水定期外运或就地环保处理。临时卫生间与休息亭示例图如图 7-3-15 所示。

图 7-3-15 临时卫生间与休息亭联合布置示例图

7.3.4 施工现场材料存放区及加工区

详见本书第六章。

7.4 通用作业防护设施

7.4.1 孔洞防护设施

（1）一般规定：

根据《建筑施工高处作业安全技术规范》（JGJ 80—2016），孔洞防护要求如下：

1）当垂直洞口短边边长小于 500mm 时，应采取封堵措施；

2）当垂直洞口短边边长大于或等于 500mm 时，应在临空侧设置高度不小于 1200mm 的防护栏杆，并应采用密目式安全立网或工具式栏板封闭，设置挡脚板；

3）当非垂直洞口短边为 25～500mm 时，应设置承载力满足要求的盖板覆盖，盖板搁置应均衡，且应防止盖板移位；

4）当非垂直洞口短边为 500～1500mm 时，应采用专项设计盖板覆盖，并应采用固定措施；

5）当非垂直洞口短边大于或等于 1500mm 时，应在洞口作业侧设置高度不小于 1200mm 的防护栏杆，并应采用密目式安全立网或工具式栏板封闭，洞口应采用安全平网封闭；

6）直径大于 1m、道路附近、无盖板及盖板临时揭开的孔洞，四周应设置安全围栏和安全警示标志牌；

7）盖板应满足人员或车辆通过的强度要求，盖板上表面应有"孔洞盖板、严禁拆移"的警示（提示）标志。

（2）设置要点：

1）孔洞盖板可制成与现场孔洞互相配合的矩形、正方形、圆形等形状，选用镶嵌式、覆盖式，厚度使用 4～5mm 厚花纹钢板（或其他强度满足要求的材料，盖板强度为 10kPa）制作，并涂以黑黄相间的警告标志和禁止拆移标志，条纹宽度宜为 50～100mm，设置示例如图 7-4-1～图 7-4-3 所示；

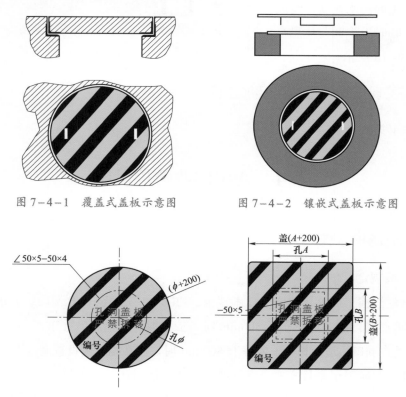

图 7-4-1　覆盖式盖板示意图　　　　图 7-4-2　镶嵌式盖板示意图

图 7-4-3　盖板制作示意图

2）孔洞及沟道临时盖板应紧贴地面，盖板边缘应大于孔洞边缘 100mm 以上，限位块与孔洞边缘距离不得大于 25～30mm，网络板孔眼不应大于 50mm×50mm；

3）临时打开的孔洞，应设格栅式或门型组装式围栏（详见本手册 2.8.2 围栏 A－02、2.8.3 围栏 A－03），施工结束后应立即恢复原状，夜间不能恢复的，应加装警示红灯；

4）安全围栏应与警告、提示标志配合使用，固定方式应稳定可靠，人员可接近部位水平杆突出部分不得超出 100mm；

5）临时隔栏（围栏）适用于需临时打开的平台、地沟、孔洞盖板周围等；

6）临时隔栏（围栏）强度和间隙应满足防护要求，装设应牢固可靠。有绝缘要求的临时隔栏应采用干燥木材、橡胶或其他坚韧绝缘材料制成；

7）临时隔栏（围栏）高度为 1050～1200mm，防坠落隔栏应在下部装设不低于 180mm 高的挡脚板；

8）在强弱电电缆竖井、消防管道井等存在人员、物体坠落隐患的位置，在其墙面竖向洞口应设置固定式防护门或设置两道防护栏杆的硬质围栏；

9）井口安全围栏上或竖向洞口墙面上朝外设置"禁止跨越""禁止通行""当心坠落""当心坑洞"等安全标志（详见本手册 2.7.1）。

7.4.2 起重作业安全防护设施

（1）一般规定：

1）工作前，应按要求平整停机场地，牢固可靠地打好支腿。

2）对作业区域进行有效隔离，采取安全隔栅、限高线等设施对作业半径进行有效隔离、警示。

（2）设置要点：

1）流动式起重作业。吊车工作区域应设置门形组装式安全围栏或提示遮栏（详见本手册 2.8.3 围栏 A－03、2.8.6 围栏 A－06），围栏上应朝外设置"禁止通行""禁止攀登""禁止停留""未经许可，不得入内""当心坠落""当心触电""当心机械伤人""当心吊物"等安全标志（详见本手册 2.7.1），如图 7－4－4 所示，吊车上应设置操作规程牌、设备状态牌（详见本手册 6.6.3）。

2）塔式起重作业。塔式起重机基础应设置排水措施；设备应安装避雷接地装置，并符合规范要求；在塔吊顶部至吊具最高位置处应设置灵敏可靠的风速仪，且应在顶部安装障碍指示灯；应在塔吊旋转半径内区域设置门形组合式安全围栏或提示遮栏（详见本手册 2.8.3 围栏 A－03、2.8.6 围栏 A－06），并设置安全警示标志；塔吊上应设置操作规程牌、设备状态牌等，也可根据需要设置其他标牌（详见本手册 6.6.3）。

图7-4-4 吊车隔离围栏

3）物料提升机作业。物料提升机应在地面进料口安装防护围栏和防护棚，防护围栏、防护棚的安装高度和强度应符合规范要求，如图 7-4-5 所示。防护棚采用 Φ48×3.5 钢管搭设，长度不小于 3m（根据建筑物高度确定坠落半径）；停层平台两侧应设置防护栏杆、挡脚板，平台脚手板应铺满、铺平；顶层设置防护栏杆，围栏高度应大于 1800mm，并设两道水平杆，栏杆刷红白相间警示油漆，两侧立杆设八字撑并满挂安全网；卸料平台进出口处设置防护门，表面涂刷油漆并制作楼层标志。应在物料提升机上的醒目位置悬挂操作规程牌、设备状态牌（详见本手册6.6.3），在导轨架醒目位置悬挂验收合格标志牌，如图 7-4-6 和图 7-4-7 所示。垂直升降作业卷扬机传动部分应安装防护罩并悬挂"禁止停留""当心机械伤人"等安全标志（详见本手册 2.7.1）。

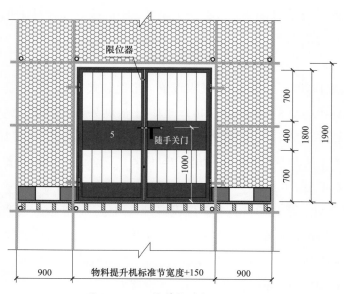

图7-4-5 物料提升机正立面图

140

4）应在物料提升机起重设备处配置 2 具 3A 级 ABC 类手提式干粉灭火器（详见本手册 2.4.3）。

图 7-4-6　物料提升机设施操作规程牌、
　　　　　安装验收公示牌

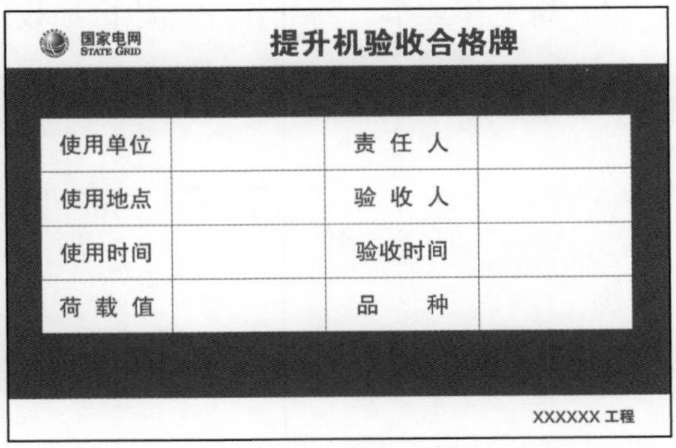

图 7-4-7　物料提升机设施验收合格牌

7.4.3　高处作业安全防护设施

（1）一般规定：

1）高处作业应在可能坠落半径区域边界（依据 GB/T 36088《高处作业分级》）设置提示遮栏；

2）高处作业的平台、走道、斜道等应设置不低于 1200mm 高的护栏（500～600mm 处设置腰杆），并设置 180mm 高的挡脚板；

3）安全隔离围栏上朝外设置安全标志，包括但不限于"从此进出""禁止靠近""禁止通行""禁止停留""未经许可，不得入内""当心坠落""当心触电""当心机械伤人""当心落物"等（详见本手册 2.7.1）；

4）高处作业区应设置设备公示牌、操作规程牌、应急处置牌、接地状态牌等，版面大小为 900mm×600mm。

（2）设置要点：

1）梯子作业。梯子应放置稳固，梯脚设防滑装置。在通道处作业时，应设置门形组装式安全围栏或提示遮栏（详见本手册 2.8.3 围栏 A-03、2.8.6 围栏 A-06）。在机械设备附近作业时，应采取隔离防护措施。

2）高空吊篮作业。吊篮平台上应装有固定式的安全护栏，护栏应能承受 1000N 水平移动的集中载荷。平台底板四周应装设高度不小于 100～150mm 的挡板，挡板与底板间隙不得大于 5mm。

3）移动式操作平台作业。移动式操作平台四周应按规范要求设置防护栏杆，并应设置登高扶梯。立柱底端距地面高度不得大于 80mm。操作平台应按设计和规范要求进行组装，铺板应严密。

4）高空作业车。高处作业危险区应设围栏及"禁止靠近"安全标志牌（详见本手册 2.7.1）。

7.5　施工现场分区作业

7.5.1　地基处理施工区

（1）安全隔离与安全标志：

1）施工区隔离选用钢管扣件组装式安全围栏（详见本手册 2.8.1 围栏 A-01），悬挂"从此进出、注意安全""当心机械伤人"，每隔 20m 悬挂"禁止跨越"安全标志（详见本手册 2.7.1）。

2）作业区隔离选用门形组装式安全围栏（详见本手册 2.8.3 围栏 A-03），悬挂"未经允许，不得入内""当心机械伤人"安全标志（详见本手册 2.7.1）。

3）PHC 管桩堆放区选用门形组装式安全围栏（详见本手册 2.8.3 节围栏 A-03），悬挂"未经允许，不得入内""当心吊物"安全标志（详见本手册 2.7.1）。在合适位置竖立材料标志牌，版面尺寸为 900mm×600mm。PHC 管桩管口设孔洞盖板（详见本手册 7.4.1）。

4）桩机组装区选用门形组装式安全围栏（详见本手册 2.8.3 围栏 A-03），悬挂"未经允许，不得入内""禁止停留""必须接地"安全标志（详见本手册 2.7.1）。在桩机上悬挂或粘贴组装验收合格牌、操作规程牌（详见本手册 6.6.3）。

（2）施工区标牌：施工区入口处应依次设施工区概况牌、施工区平面布置图、质量通病防治牌、标准工艺牌，内容及样式详见表 7-2-2。

（3）施工消防：施工区配备 2～8 具 3A 级 ABC 类手提式干粉灭火器（详见本手册 2.4.3）。每台大型桩机上应配备 1 具 3A 级 ABC 类手提式干粉灭火器（详见本手册 2.4.3）。

（4）文明施工与环境保护设施：

1）泥浆池、沉淀池。采用钢管扣件组装式安全围栏（详见本手册 2.8.1 围栏 A-01），设置密目安全网（当泥浆池设置在站外时）、夜间设警示灯，悬挂"禁止靠近"安全标志（详见本手册 2.7.1）。泥浆池、沉淀池安全防护示例图如图 7-5-1 所示。

2）灰土拌合场。应设置安全围栏，采用全封闭单层彩钢板临时围挡，高度不低于 1.8m。围墙上可加装喷雾降尘装置，如图 7-5-2 所示。

图 7-5-1　泥浆池、沉淀池安全防护示例图　　　　图 7-5-2　灰土拌合场示例图

7.5.2　基础施工区

（1）安全隔离与安全标志：

施工区应设置钢管扣件组装式安全围栏（详见本手册 2.8.1 围栏 A-01），作业区应设置钢管扣件组装式安全围栏（详见本手册 2.8.1 围栏 A-01）。

在基础施工的基础开挖、钢筋作业、模板安/拆作业、混凝土浇筑等不同作业阶段，设置"禁止跨越""禁止通行"等禁止标志，按需设置"注意安全""当心坑洞""当心塌方""当心落物""当心弧光""当心吊物""当心挤压""当心伤手""当心机械伤人""当心触电"等警告标志（详见本手册 2.7.1）。

（2）作业区标牌：

施工区入口应依次设施工区概况牌、施工区平面布置图、质量通病防治牌、标准工艺牌，内容及样式见表 7-2-2。

深基坑开挖等危险性较大的分部分项工程作业区应设岗位责任牌、危险点控制牌，作业点应设作业点管理看板，内容及样式见表 7-2-2。

（3）施工消防：

施工区配备 2~8 具 3A 级 ABC 类手提式干粉灭火器（详见本手册 2.4.3）。

当基础冬季施工采用暖棚作业时，应按每 50m² 配备 2 具 3A 级 ABC 类手提式干粉灭火器（详见本手册 2.4.3）。

（4）专用设施：

1）施工通道。基坑内应设置钢爬梯作为施工人员上下通道。钢爬梯立杆钢管打入土体不小于 600mm，脚踏板采用 1200mm×300mm×20mm 木板，踏面设置两道 30mm×15mm 防滑木条。爬梯钢管采用扣件连接，爬梯两侧应设置高度不小于 1200mm 的钢管扶手栏杆，钢管刷黄黑相间油漆，两侧设置密目网，立杆间距为 1500mm，如图 7-5-3 所示。

2）混凝土浇筑平台。平台横梁加设撑杆。平台跳板材质和搭设符合要求，跳板捆绑牢固，支撑牢固可靠，有上料通道。上料平台不得搭悬臂结构，中间设支撑点，平台设护栏。投料高度超过 2m 应使用溜槽或串筒下料，串筒宜垂直放置，串筒之间连接牢固，串筒连接较长时，挂钩应予加固。

3）环境保护设施。基础作业区应配备防尘网、洒水抑尘设施、废料垃圾回收等设施，砂石、水泥等施工材料应采用彩条布铺垫，防尘网示例图如图 7-5-4 所示。

图 7-5-3　施工通道示例图　　　　　图 7-5-4　防尘网示例图

4）临时堆土区。应进行防尘覆盖，设置提示遮拦，按需设置"禁止跨越"等安全标志（详见本手册 2.7.1），示例图如图 7-5-5 所示。

图 7-5-5　临时堆土防尘覆盖示例图

7.5.3　建筑物施工作业区

（1）安全隔离与安全标志：

建筑物的孔洞及"五临边"应采用钢管扣件组装式安全围栏或门形组装式安全围栏（详见本手册 2.8.1 围栏 A-01、2.8.3 围栏 A-03）。

在建筑物施工的临边、孔洞及起重，脚手架搭拆，砌筑工程，装饰装修工程等不同作业内容（阶段），按需设置"禁止跨越""禁止通行""禁止烟火""禁止停留""禁止堆放"等禁止标志；按需设置"当心坑洞""当心落物""当心吊物""当心火灾""当心机械伤人""当心触电"等警告标志；按需设置"必须戴安全帽""必须戴防护手套""必须穿防护鞋""必须系安全带""必须戴防尘口罩"等指令标志；按需设置"从此上下""从此进出"等提示标志（详见本手册 2.7.1）。

（2）作业区标牌：施工区入口处（建筑物施工安全通道入口处）应依次设置施工区概况牌、施工区平面布置图、质量通病防治牌、标准工艺牌，内容及样式详见表 7-2-2。

（3）消防设施：

施工区应配备 2～8 具 3A 级 ABC 型手提式干粉灭火器（详见本手册 2.4.3）。

在室内装修、外墙保温材料施工阶段，以及在室内进行管道及支架焊接等动火作业时，应根据实际在作业点附近增设 3A 级 ABC 型手提式干粉灭火器（详见本手册 2.4.3）。

（4）专用设施：

1）脚手架。应按照国家标准和审定的施工方案搭设，设立脚手架搭设标牌和脚手架搭设验收合格牌。

2）安全通道。安全通道宽度宜为 3m，进深长度宜为 4m（小型建筑物可适当简化）。安全通道顶部挑空的一根立杆两侧应设斜杆支撑，斜杆与地面的倾角宜为 45°至 60°，外墙架体部分通道内侧面宜设横向斜撑。安全通道应设置"必须戴安全帽""注意安全""当心触电""禁止烟火""禁止抛物"等安全标志牌（详见本手册 2.7.1），如图 7-5-6 和图 7-5-7 所示。

图 7-5-6　安全通道（脚手架）

图 7-5-7　安全通道（钢结构）

3）安全网。绑扎圈梁、挑梁、挑檐、外墙和边柱等钢筋时，应搭设操作台架，张挂安全网。电梯井内应每隔两层并最多隔 10m 设一道安全网。安全网的材质、技术和使用应满足《安全网》（GB 5725—2009）的相关规定，如图7-5-8所示。

图7-5-8 安全网（塑料网片式）

7.5.4 管沟工程施工区

（1）安全隔离及安全标志：

1）电缆沟、雨水、消防等管道沟施工时应在管沟两侧设置钢管扣件组装式安全围栏（详见本手册2.8.1围栏A-01），施工完成后的电缆沟两侧应采用提示遮栏（详见本手册2.8.6围栏A-06）。

2）在普通场地沟道施工中应设置"禁止跨越"等禁止标志、"当心坑洞""当心弧光""当心火灾"等警告标志、"必须佩戴安全帽"等指令标志以及"从此进出"等提示标志（详见本手册2.7.1）。

3）在过路及穿墙沟道施工中应设置"禁止通行""禁止跨越"等禁止标志，设置"注意安全""当心坑洞""当心碰头"等警告标志（详见本手册2.7.1）。

（2）作业区标牌：当管沟采取分区集中开挖施工时，可在施工区或作业区入口处依次设置质量通病防治牌、标准工艺牌，内容及样式见表7-2-2。

（3）专用设施：沿施工完成后的电缆沟每50m设置一处可移动、可重复使用的组装式临时安全通道，并悬挂双面安全提示标志牌，如图7-5-9所示。

图7-5-9 临时安全通道

7.5.5 主接地网施工区

（1）安全隔离与安全标志：

1）当主接地网施工采取分区集中开挖、敷设和焊接时，施工区隔离选用门形组装式安全围栏（详见本手册 2.8.3 围栏 A－03），悬挂"禁止靠近""禁止停留""禁止用水灭火""当心触电""当心弧光""必须佩戴护目镜"等安全标志（详见本手册 2.7.1）。

2）主接地网焊接作业点设提示桩。

（2）施工区标牌：当主接地网施工采取分区集中开挖、敷设和焊接时，施工区入口依次设置施工区概况牌、施工区平面布置图、质量通病防治牌、标准工艺牌，内容及样式见表 7－2－2。

（3）施工消防：接地沟开挖用小型挖机、移动式电焊机推车上应配置 1 具 3A 级 ABC 型手提式干粉灭火器（详见本手册 2.4.3）。

（4）专用设施：移动式电焊机推车。焊接作业区应设置设备状态牌等标志（详见本手册 6.6.3），如图 7－5－10 所示。

图 7－5－10　移动式电焊机推车设备状态牌示例图

7.5.6 构支架组立施工区

（1）安全隔离与安全标志：

1）构件存放区应采用门形组装式安全围栏（详见本手册 2.8.3 围栏 A－03），地面组装区应采用门形组装式安全围栏（详见本手册 2.8.3 围栏 A－03），构架吊装区采用门形组装式安全围栏或提示遮拦（详见本手册 2.8.3 围栏 A－03、2.8.6 围栏 A－06）。

2）起重吊装作业前，应根据项目管理实施规划要求划定危险作业区域，采用提示遮栏进行隔离（详见本手册 2.8.6 围栏 A－06），并设置醒目的警示标志，防止无关人员进入。

3）在构支架组立的不同阶段，应设置"禁止通行""禁止抛物""禁止攀登"等禁止标志，设置"当心吊物""当心坠落""当心落物""当心坑洞""当心弧光"（用于临时接地，不是切割）"当心火灾"等警告标志，设置"必须佩戴安全帽""必须系安全带""必须穿用防护鞋"等指令标志（详见本手册 2.7.1）。

（2）作业区标牌：

1）在地面组装区或构架吊装区入口处应依次设置施工区概况牌、施工区平面布置图、质量通病防治牌、标准工艺牌，内容及样式见表 7－2－2。

2）在横梁吊装作业点应设置作业点管理看板，内容及样式见表 7－2－2。

（3）消防设施：

1）施工区应配备 2～8 具 3A 级 ABC 型手提式干粉灭火器（详见本手册 2.4.3）。

2）每台起重机等大型机械上应配备 1 具 3A 级 ABC 型手提式干粉灭火器（详见本手册 2.4.3）。

（4）专用设施：

1）螺栓分类存放设施。螺栓应按不同规格成套分类存放，并明确标识。

2）紧固工具存放设施。

3）构架支垫装置。构架组装时，应设置稳定可靠的支垫装置，并采用木方或橡胶等材料保护构架镀锌层。

7.5.7　母线施工区

（1）安全隔离与安全标志：

1）管母线、软导线、金具、瓷瓶等材料存放区应采用门形组装式安全围栏（详见本手册 2.8.3 围栏 A－03）。存放场地应坚固、平坦、不积水。应设置材料标识牌，如图 6－10－1 所示，母线材料存放区如图 7－5－11 所示。

图 7－5－11　母线材料存放区

2）管母线焊接、架空线压接作业区应采用钢管扣件组装式或门形组装式安全围栏（详见本手册 2.8.1 围栏 A－01、2.8.3 围栏 A－03）。

3）管母焊接作业棚区域应采用提示遮栏（详见本手册2.8.6围栏A－06）。

4）管母线吊装、架空线安装作业区可采用门形组装式安全围栏（详见本手册2.8.3围栏A－03）或提示遮栏（详见本手册2.8.6围栏A－06）。

5）材料存放区安全围栏上朝外设置"禁止吸烟""未经许可，不得入内""禁止跨越"等安全标志（详见本手册2.7.1）。

6）管母线焊接、架空线压接作业区安全围栏上朝外设置"未经许可，不得入内""当心弧光""禁止跨越""禁止吸烟""禁止停留""禁止烟火""禁止通行""当心机械伤人""当心火灾""当心弧光""当心伤手""必须戴防护眼镜"等安全标志（详见本手册2.7.1）。

7）管母焊接作业棚区域的临时隔栏朝外设置"未经许可，不得入内""禁止跨越""禁止吸烟""禁止停留""禁止烟火""禁止通行""当心机械伤人""当心火灾""当心伤手"等安全标志（详见本手册2.7.1）。

8）管母线吊装、架空线安装作业区安全围栏上朝外设置"未经许可，不得入内""禁止跨越""禁止吸烟""禁止停留""禁止烟火""禁止通行""当心机械伤人""当心火灾""当心伤手""当心落物""当心吊物"等安全标志（详见本手册2.7.1）。

（2）作业区标牌：管母线焊接作业区、软母线压接作业区分别设置施工区概况牌、施工区平面布置图、质量通病防治牌、标准工艺牌等，内容及样式见表7－2－2。牌面内容应分别涵盖管母线吊装、软母线安装的相关要求。

（3）消防设施：

1）施工区应配备2～8具3A级ABC型手提式干粉灭火器（详见本手册2.4.3）。

2）每台起重机等大型机械上应配备1具3A级ABC型手提式干粉灭火器（详见本手册2.4.3）。

3）管母线焊接作业棚、架空线压接作业区应设置不少于2具3A级ABC型手提式干粉灭火器（详见本手册2.4.3）。

（4）专用设施：

1）导线线盘固定设施。线盘放置的地面应平整、坚实，滚动方向前后均要设置枕木（或方木、三角木）掩牢，防止线盘发生滚动。线盘架设应选用与线盘相匹配的放线架，且架设平稳，如图7－5－12所示。

2）管型母线保管设施。管母线堆放的地面应铺地毯，不得随意堆放，不得在管母线上站立、行走。堆放两侧设立柱，层间应加垫，防止发生滚动。

图 7-5-12　导线线盘固定设施

3）铝合金金具存放货架。金具堆放下方铺设地毯，每个金具采用带气泡的塑料布单独包裹。各金具之间加设塑料垫隔离，以防止金具与金具表面相互磨擦影响表面光洁度。金具库房、现场货架如图 7-5-13 和图 7-5-14 所示。

图 7-5-13　金具库房　　　　　　　　　图 7-5-14　现场货架

4）焊接作业棚。应搭设满足防风和职业安全要求的焊接作业棚或焊接室，管母焊接室如图 7-5-15 所示。

5）焊接平台。焊接平台支撑应牢固，满足受力要求，长度要适应管母线加工，并确保管母旋转无卡制，如图 7-5-16 所示。

6）架空线压接制作场。场地长度和宽度应符合实际需求。架空线安装区与软导线压接作业区的距离应适宜，且应有平整的硬化道路可供架空线制作成品运输，方便转运。在架空线制作场采取铺垫（如地毯、竹胶板、彩条布）措施，用以与硬化地面隔离，减少灰尘。场地按现场条件设置 1 个出入口，如图 7-5-17 所示。

图 7-5-15　管母焊接室　　　　　　　　图 7-5-16　焊接平台

图 7-5-17　架空线压接制作场

图 7-5-18　压接平台设施

7）架空线压接平台。平台支撑应牢固，满足受力要求，液压机使用应符合安全要求，如图 7-5-18 所示。

8）卷扬机场。应设置专用的卷扬机场地，确保卷扬机状况良好。卷扬机的地锚应牢固可靠，土质坚实，地面无积水，能满足挂线时的牵引力要求。

9）环境保护设施。设置废料、垃圾回收区，对不同的废料、垃圾进行回收处理。

7.5.8　主变压器、高压电抗器安装作业区

（1）安全隔离与安全标志：

1）主变压器、高压电抗器安装作业区应根据附件存放、部件吊装、机具摆放等要求设计现场平面布置，如图 7-5-19 所示。

2）作业区采用门形组装式安全围栏（详见本手册 2.8.3 围栏 A-03）。安全隔离围栏上朝外设置"未经许可，不得入内""禁止跨越""禁止吸烟""禁止停留""禁止烟火""禁止通行""当心机械伤人""当心火灾""当心伤手"

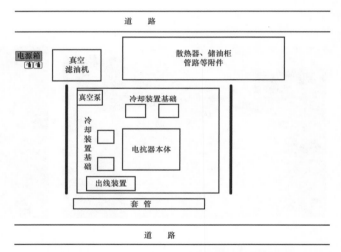

图 7-5-19　主变压器、高压电抗器安装
作业区现场平面布置示意图

"当心落物""当心吊物"等安全标志（详见本手册 2.7.1）。

（2）作业区标牌：

1）在作业区入口或其他不影响作业的地点设置施工区概况牌、施工区平面布置图、质量通病防治牌、标准工艺牌，内容及样式见表 7-2-2。

2）在高压套管、高压出线装置吊装作业点设置作业点管理看板，内容及样式详见表 7-2-2。

（3）消防设施：

1）施工区应配备 2～8 具 3A 级 ABC 型手提式干粉灭火器（详见本手册 2.4.3）。

2）每相主变压器、高压电抗器配置 2 具 3A 级 ABC 型手提式干粉灭火器，每组主变压器、高压电抗器配置 1 个 3A 级 ABC 型推车式干粉灭火器（详见本手册 2.4.3）。

（4）专用设施：

1）内检作业棚。套管吊装前在"套管清洁防尘棚"内对套管做安装前的清洁工作，钻芯检查时采用"本体内检过渡棚"，其同时可用于防尘和更换内检衣物，地面用地隔板铺垫，如图 7-5-20 所示。

图 7-5-20　内检作业棚

2）高压套管及高压出线装置安装作业平台。其四周应装设高度不低于 1.7m 的围栏，应在围栏各侧的明显部位悬挂"当心坠落"安全标志（详见本手册 2.7.1）。平台四周设置安全围栏带和专用挂扣横杆，以保证在油箱上工作时安全带（绳）的正常使用。

3）环境保护设施。设置废料、垃圾回收区，对不同的废料、垃圾进行回收处理。设置废油罐、集油盆，防止油污染地面。

7.5.9　GIS、HGIS 安装作业区

（1）安全隔离与安全标志：

GIS 安装作业区应进行现场施工平面布置设计。

作业区采用临时全封闭安全隔离围挡（详见本手册 2.8.7 围栏 A-07），如图 7-5-21 所示。当作业区周边扬尘较大时，可在围挡上设置喷雾降尘装置。

GIS 大板基础等作业区内的电缆沟应采用临时盖板，如图 7-5-22 所示。

安全隔离围栏上朝外设置"未经许可，不得入内""禁止跨越""禁止吸烟""禁止停

留""禁止烟火""禁止通行""当心机械伤人""当心火灾""当心伤手""当心落物""当心落物""必须系安全带""注意通风"等安全标志（详见本手册2.7.1）。

图7-5-21　GIS安装作业区临时全封闭　　　图7-5-22　GIS大板基础内电缆沟临时盖板
　　　　　安全隔离围挡

（2）作业区标牌：在作业区入口或其他不影响作业的地点设置施工区概况牌、施工区平面布置图、安全提示牌、质量通病防治牌、标准工艺牌，内容及样式见表7-2-2。可设置GIS单元安装进度展示牌，如图7-5-23所示。

（3）消防设施：施工区应配备2~8具3A级ABC型手提式干粉灭火器（详见本手册2.4.3）。

（4）专用设施：

1）GIS安装用移动车间。内部应设置"移动车间管理制度""安装分工界面""人员进、出移动车间的流程"等标牌，版面尺寸为900mm×600mm。移动车间如图7-5-24所示。

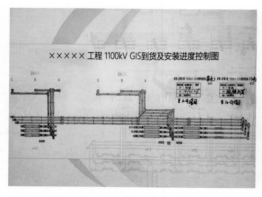

图7-5-23　GIS单元安装进度展示牌　　　　图7-5-24　移动车间（一）

图 7-5-24 移动车间（二）

2）移动防尘室。内部应设置"移动防尘室管理制度""安装分工界面""人员进、出移动防尘室流程"等标牌，版面尺寸为 900mm×600mm。移动防尘室如图 7-5-25 所示。

3）防尘棚。应配备便携式新风发生装置、便携式粉尘度测试仪，可配置更衣过渡间，如图 7-5-26 所示。

图 7-5-25 移动防尘室

图 7-5-26 防尘棚

4）SF_6 气体存放棚。可采用全封闭式彩钢板房、隔阳棚等设施。在显著位置设置"未经许可，不得入内""禁止吸烟""禁止用水灭火""注意通风""当心火灾""当心中毒"等安全标志（详见本手册 2.7.1）。SF_6 气体存放棚如图 7-5-27 和图 7-5-28 所示。

图 7-5-27 SF₆气体存放棚（彩钢板房）

图 7-5-28 SF₆气体存放棚（遮阳棚）

7.5.10 滤油场

（1）安全隔离与安全标志：

1）集中滤油场应布置在主变压器、高压电抗器安装位置的附近。合理布置油罐、滤油机和管路，油罐和滤油机应做好接地，如图 7-5-29 和图 7-5-30 所示。

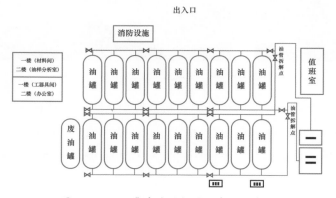

图 7-5-29 集中滤油场平面布置示意图

2）集中滤油场安全隔离采用临时全封闭安全隔离围挡（详见本手册 2.8.7 围栏 A–07）或塑钢围栏，如图 7–5–31 所示。

3）集中滤油场入口处设置"消防重点部位"标志，悬挂"未经许可，不得入内""禁止吸烟""禁止跨越""禁止停留""禁止通行""禁止用水灭火""禁止烟火""当心火灾"等安全标志（详见本手册 2.7.1）。

图 7–5–30　集中滤油场示例图　　　　　　　图 7–5–31　集中滤油场入口

4）非集中滤油场的滤油机、真空泵等设备应采用提示遮拦围护（详见本手册 2.8.6 围栏 A–06），并朝外设置相应安全标牌（详见本手册 2.7.1）。

（2）作业区标牌：集中滤油场入口处设置区域名称牌、施工区平面布置图（油罐连接示意图）、施工区概况牌、安全文明施工责任牌，内容及样式见表 7–2–2。同时应设置环境保护标语牌、绝缘油处理操作流程及质量控制标准、滤油场安全管理制度牌、消防重点提示牌等，版面尺寸为 900mm×600mm。

（3）消防设施：滤油区应按照消防重点部位的要求配置足够数量的 3A 级 ABC 型手提式、推车式干粉灭火器，详见本手册 2.4.3。

（4）专用设施：

1）滤油值班室。应在集中滤油场入口处设置值班室，并安排专人进行 24h 值班。

2）环境保护设施。滤油设备、储油罐和管道等容易漏油的部位应采用土工布夹塑料薄膜，防止渗漏的绝缘油污染成品道路及地面；废油应采用废油罐集中存放，不得直接排放至地面或下水道，避免绝缘油污染大地或周围水系；取油样时阀门下部放置油盘，取完油样要擦净放油阀，试验完毕后的油样应倒入废油桶内。

7.5.11　户外设备安装作业区

（1）安全围护与安全标志：

1）作业区安全隔离采用钢管扣件组装式安全围栏（详见本手册2.8.1围栏A-01），各安装作业区域之间警示采用临时遮栏（详见本手册2.8.6围栏A-06）。

2）安全围栏上朝外设置"未经许可，不得入内""禁止跨越""禁止吸烟""禁止停留""禁止烟火""禁止通行""当心机械伤人""当心火灾"等安全标志（详见本手册2.7.1）。

（2）作业区标牌：在各电压等级配电装置区安全隔离围栏入口处，可根据需要设置施工区概况牌、施工区平面布置图、质量通病防治牌、标准工艺牌，内容及样式见表7-2-2。

（3）消防设施：施工区应配置2～8具3A级ABC型手提式干粉灭火器（详见本手册2.4.3）。

（4）专用设施：

1）成品保护。设备基础施工完成后，应及时进行成品保护，如图7-5-32所示。

图7-5-32　户外设备成品保护设施

2）环境保护设施。设置废料、垃圾回收区，对不同的废料、垃圾进行回收处理。

7.5.12　户内设备安装作业区

（1）安全隔离与安全标志：作业区安全隔离采用门形组装式安全围栏或提示遮栏（详见本手册2.8.3围栏A-03、本手册2.8.6围栏A-06）。安全隔离围栏上朝外设置"未经许可，不得入内""禁止跨越""禁止吸烟""禁止停留""禁止烟火""禁止通行""当心机械伤人""当心火灾"等安全标志（详见本手册2.7.1）。

（2）作业区标牌：在GIS室等户内设备安装作业区入口处设置施工区概况牌、施工区平面布置图、质量通病防治牌、标准工艺牌，内容及样式见表7-2-2。

（3）消防器材：施工区应配置2~8具3A级ABC型手提式干粉灭火器（详见本手册2.4.3）。

（4）专用设施：环境保护设施。设置专门集中回收处，严禁乱扔乱放，待施工结束后统一处理，做到"工完、料尽、场地清"。

7.5.13 电气二次设备安装施工区

（1）安全围栏及安全标志：

1）二次电缆等设备材料户外存放采用钢管扣件组装式安全围栏或门形组装式安全围栏（详见本手册2.8.1围栏A-01、2.8.3围栏A-03），悬挂"按设备正确方向放置""注意静电"等安全标志（详见本手册2.7.1），如图7-5-33所示。

2）屏盘柜应尽量户内存放。因特殊原因存放于室外时，应采用门形组装式安全围栏（详见本手册2.8.3围栏A-03），用整体篷布覆盖未开箱的设备，篷布包扎严密，支撑架管、斜撑完善。设置标志牌明确保管责任人，版面尺寸为 900mm×600mm。地面应作硬化处理，堆放的设备下设衬垫，需离地30cm且有可靠的防潮措施，方便转运。

3）屏盘柜安装作业区采用安全隔离网或提示遮栏（详见本手册2.8.4围栏A-04、2.8.6围栏A-06），悬挂"在此工作""当心坑洞""当心电缆"等安全标志（详见本手册2.7.1），如图7-5-34所示。

4）对于敞口电缆沟应采取格栅防护，如图7-5-35所示。

5）对使用中的二次设备材料应做好隔离围护，如图7-5-36所示。

图7-5-33　二次设备材料存放区　　　　图7-5-34　继保室隔离围栏

图 7-5-35　电缆沟临时防护

图 7-5-36　电缆临时存放

6）在封闭室内，应设置合适的紧急出口指示。

（2）作业区标牌：可根据需要在继保小室设置施工区概况牌、施工区平面布置图、质量通病防治牌、标准工艺牌，内容及样式见表 7-2-2，如图 7-5-37 所示。

（3）消防设施：在每个继保小室内配置 2 具二氧化碳手提式灭火器（详见本手册 2.4.3）。

（4）专用设施：

1）电气二次配件及备品备件专用库房、货架。存放物件应分类摆放整齐，在适宜位置区域悬挂标志牌，明确保管责任人。对于有特殊要求（如防静电）的设备安装，应采取针对性安装措施。现场必要时设置小件库房，库房应参考如下配置：通道设置完善，方便转运；地面平整、洁净；标志标牌分类齐全，物品上架摆放。二次插板、继电器、显示器、打印机、光纤尾纤及跳线等应采用户内存放、专用库房，如图 7-5-38 所示。

图 7-5-37　继保室作业区标牌

图 7-5-38　电气二次配件专用库房

2）成品保护设施。继保小室的地面应满铺地革板，离地 1.5m 高的墙壁应采取围护措施，屏柜应设置防碰撞提示。在电缆二次接线期间，应在每个继保小室设置可移动的电缆废料收集装置，如图 7-5-39 所示。

7.5.14　调试施工区

（1）安全围栏及安全标志:

1）高压试验设备区采用安全隔离网或提示遮栏（详见本手册 2.8.4 围栏 A-04、2.8.6 围栏 A-06），悬挂"止步、高压危险""人员从此出入"等安全标志（详见本手册 2.7.1）。设备场地地面平整、坚固、干燥，如图 7-5-40 所示。

图 7-5-39　继保小室地面采用地革板防护

图 7-5-40　高压试验设备区隔离围栏

2）保护调试区采用提示遮栏（详见本手册 2.8.6 围栏 A－06），悬挂"在此工作""未经许可，不得入内""禁止使用无线通信""在此接地"等安全标志（详见本手册 2.7.1）。

3）调试区域的沟道孔洞应采用临时盖板封盖（详见本手册 7.4）。

（2）作业区标牌可根据需要设置。

（3）消防设施：在试验设备区配备 1 组推车式干粉灭火器，配备 2 具二氧化碳灭火器（详见本手册 2.4.3、2.4.4）。在工作屏柜附近配备 2 具二氧化碳灭火器（详见本手册 2.4.3）。

（4）专用设施：

1）主变压器、高压电抗器、GIS 的耐压及局放试验现场应设置工作棚，如图 7－5－41 所示。

2）保护调试工作区设置绝缘垫，工作设备应与建筑物室内专用接地装置规范连接。

7.5.15　邻近带电体作业区

（1）安全隔离及安全标志：

1）扩建区与运行区应采用临时全封闭安全隔离围挡（详见本手册 2.8.7 围栏 A－07）。施工通道可采用临时全封闭安全隔离围挡、钢管扣件组装式安全围栏或格栅式围栏，围挡应做可靠接地（详见本手册 2.8.6 围栏 A－06、2.8.1 围栏 A－01、2.8.2 围栏 A－02），布置效果如图 7－5－42～图 7－5－44 所示。

图 7－5－41　耐压试验工作棚

图 7－5－42　扩建区与运行区隔离
（临时全封闭安全隔离围挡）

图 7-5-43　运行区施工通道隔离（格栅式围栏）　　　图 7-5-44　运行区施工通道隔离
　　　　　　　　　　　　　　　　　　　　　　　　　　　　　　（钢管扣件组装式安全围栏）

　　2）带电设备应设置醒目的带电警示标志（详见本手册 2.7.1），如图 7-5-45 所示。

　　3）带电屏柜与非带电屏柜以醒目标志区分，悬挂"运行设备""未经许可不得打开"安全标志（详见本手册 2.7.1），如图 7-5-46 所示。

图 7-5-45　带电设备警示标志　　　　　　　　　图 7-5-46　带电屏柜安全隔离

　　4）施工区域宜保持方正，每个方向应至少设置一面带电警示牌，每隔 5m 朝外设置"止步，高压危险"或者"上方母线带电"等标志（详见本手册 2.7.1），根据电压等级标明安全距离提示牌，安全围栏的接地标志应醒目明确，带电警示标志如图 7-5-47 所示。

　　5）对于上方带电的施工环境，除完善带电提示以外，应采用醒目的硬隔离提示周围带电部位，如图 7-5-48 所示。

图 7-5-47 带电警示标志

图 7-5-48 以醒目硬隔离提示周围带电部位设备

（2）作业区标牌的设置与新建站相同，可针对扩建站特点增设相关标牌。

（3）消防设施的设置与新建站相同。

（4）专用设施：

1）防感应电接地设施。施工机械应可靠接地，接地完成后悬挂"已可靠接地"标志牌，版面尺寸为 900mm×600mm。

2）屏柜作业安全文明设施。对带电屏柜和工作区域设置醒目提示，在工作屏柜把手上设置"在此工作"标志（见图 7-5-49）。在端子排工作时做好运行接线防护措施，对于重要回路应覆盖警示绝缘胶带，宜完善回路功能提示（见图 7-5-50）。

图 7-5-49 工作屏柜把手安全标志　　图 7-5-50 端子排重要回路警示及回路功能提示

对施工区域做好工作区域指示，应用专用短接工具进行电缆短接，采取不影响原有屏柜接地的接地方式，保障在运屏柜安全运行。在可能带电或误碰开关把手处完善安全警示（见图7-5-51）。

3）漂浮物控制。运行站禁止使用易漂浮标语或软质围栏，在施工区域入口处及户外设备拆箱处应设置防漂浮物提示牌，版面尺寸为900mm×600mm。

4）成品保护。防止碰撞运行设备及其基础构架，禁止在运行设备上设置临时锚点。施工区地面整洁、防止踩踏电缆。对于二次设备屏柜的成品保护，应及时锁闭前后柜门并悬挂"成品保护"标志。

图7-5-51 带电或运行屏柜设备及把手提示

8

办 公 事 务 系 统

将工程项目办公事务系统纳入安全文明施工进行管理，体现了安全文明施工与现场视觉识别系统管理的有机融合，保证了工程视觉识别系统、品牌标识的统一性，有利于提升安全文明施工与工程规范化管理水平。

根据工程现场办公运转常用事务类型，将胸卡、工位牌、汇报材料模板、PPT底版、席位牌、车证等纳入办公事务系统进行规范管理，办公用纸根据需要选用。

8.1 胸 卡

佩戴范围：工程各参建单位人员、其他单位来访人员。

使用要求：各参建单位人员进入现场均应佩戴夹式胸卡，来访单位人员进入现场参观检查可佩戴挂式胸卡。

设计要素：夹式胸卡和挂式胸卡均按标准式样统一制作，尺寸为86mm×54mm。其中，国网绿色底色为业主、建设管理和监理人员，蓝色底色为施工单位人员，橙色底色为核心分包人员，黄色底色为一般分包人员，贴本人一寸免冠照片。

夹式胸卡标准式样如图8-1-1所示。

图8-1-1　夹式胸卡标准式样

166

挂式胸卡标准式样如图 8-1-2 所示。

图 8-1-2　挂式胸卡标准式样

8.2　工　位　牌

使用范围：工程各参建单位人员。

使用要求：用于工程项目部办公室统一工位牌样式，置于办公人员办公室工位前侧。

设计要素：面板尺寸为 150mm×200mm，底座尺寸为 60mm×200mm。工位牌正面上下以国网绿渐变色为背景，标识及颜色为国网绿，中间背景为白色。左上角为国家电网有限公司标识，右下角为工程项目部名称（如业主项目部），中间空白处左侧分两行，第一行为姓名，第二行为所在岗位（如经理），右侧贴本人一寸免冠照片。工位牌背面以带有国家电网有限公司标志的国网绿渐变色为背景，内容为本人岗位职责，如图 8-2-1所示。

图 8-2-1　工位牌样式（一）

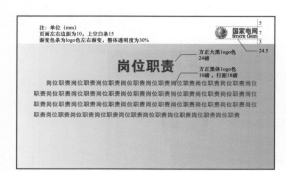
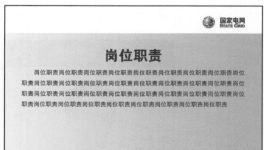

图 8-2-1　工位牌样式（二）

8.3　办　公　用　纸

使用范围：工程各参建单位。

使用要求：用于日常办公和会议分发，可根据需要选用。

设计要素：有条纹信纸和白底信纸两种，尺寸为 210mm×285mm。信纸右上角为国家电网有限公司 Logo，左下角为工程名称、业主项目部名称、业主项目部地址，如图 8-3-1 所示。

图 8-3-1　办公用纸样式（一）

图 8-3-1　办公用纸样式 (二)

8.4 汇 报 材 料

使用范围：工程各参建单位人员。

使用要求：用于规范工程建设进展和工作情况汇报材料。

设计要素：左上角为国家电网有限公司 Logo，中部居中标注工程名称和汇报材料名称，下方标注公司名称和日期；正文页左上角为国家电网有限公司 Logo，下方为正文，如图 8-4-1 所示。

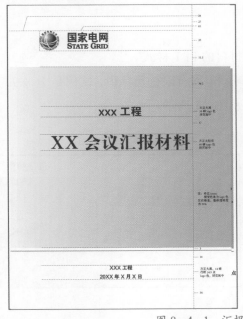
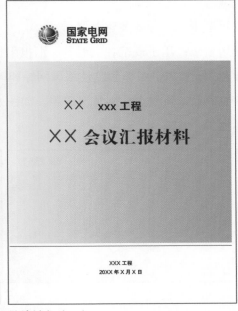

图 8-4-1　汇报材料样式 (一)

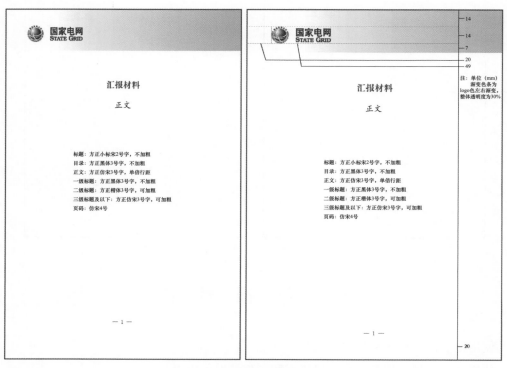

图 8-4-1　汇报材料样式（二）

8.5　PPT　底　版

使用范围：工程各参建单位。

使用要求：用于规范各类展示、汇报用材料的 PPT 样式。

设计要素：PPT 整体颜色使用国网绿和国家电网有限公司标识，比例是 16∶9。提供 4 种 PPT 底版，可根据实际情况选用，如图 8-5-1 所示。

示例 1：

图 8-5-1　PPT 底版样式（一）

示例 2：

示例 3：

示例 4：

图 8-5-1　PPT 底版样式（二）

8.6 席　位　牌

使用范围：工程各参建单位。

使用要求：用于规范会议室席位牌。

设计要素：席位牌整体尺寸为 200mm×100mm，背景为国网绿渐变色，标识及背景颜色为国网绿，内容为"与会者姓名""主持人""发言席"等，如图 8-6-1 所示。

图 8-6-1　席位牌样式

8.7　车　　证

使用范围：工程各参建单位。

使用要求：用于规范项目部车辆进出办公区。遵循一车一证原则，车证所示车牌号与车辆实际车牌号严格对应。

设计要素：车证按照标准式样制作，尺寸为 210mm×150mm，整体颜色使用国网绿。上方标注国家电网有限公司 Logo 及"车证"字样，中间主体部分标注持证车辆车牌号码如图 8-7-1 所示。

图 8-7-1　车证样式

附 录 引 用 标 准 及 文 件

1. GB 50034—2013 建筑照明设计标准

2. GB 51309—2018 消防应急照明及疏散指示系统技术标准

3. GB 50054—2011 低压配电设计规范

4. GB 50016—2014 建筑设计防火规范

5. GB/T 29512—2013 手部防护 防护手套的选择、使用和维护指南

6. GB/T 18664—2002 呼吸防护用品的选择、使用与维护

7. GB 19083—2010 医用防护口罩技术要求

8. GB 50720—2011 建设工程施工现场消防安全技术规范

9. GB 2894—2008 安全标志及其使用导则

10. GB/T 28409—2012 个体防护装备足部防护鞋（靴）的选择、使用和维护指南

11. GB 50720—2011 建设工程施工现场消防安全技术规范

12. GB 50140—2005 建筑灭火器配置设计规范

13. GB/T 9704—2012 党政机关公文格式

14. GB 50194—2014 建设工程施工现场供用电安全规范

15. GB 50496—2009 大体积混凝土施工规范

16. GB 50444—2008 建筑灭火器配置验收及检查规范

17. GB/T 28409—2012 《个体防护装备足部防护鞋（靴）的选择、使用和维护指南》

18. GB 2894—2008 安全标志及其使用导则

19. DL 5009.3—2013 电力建设安全工作规程 第 3 部分：变电站

20. JGJ 59—2011 建筑施工安全检查标准

21. JGJ 184—2009 建筑施工作业劳动保护用品配备及使用标准

22. JGJ/T 429—2018 建筑施工易发事故防治安全标准

23. JGJ 80—2016 施工高处作业安全技术规范

24. JGJ 46—2012 施工临时用电规范

25. JGJ 33—2012 建筑机械使用安全技术规程

26. JGJ 276—2012 建筑施工起重吊装安全技术规范

27. JGJ T128—2019 建筑施工门式钢管脚手架安全技术标准

28. JGJ 130—2001 建筑施工扣件式钢管脚手架安全技术规范

29. JGJ 146—2013 建设工程施工现场环境与卫生标准

30. JGJ/T 292—2012 建筑工程施工现场视频监控技术规范

31. DB 11T1132—2014 建设工程施工现场生活区设置和管理

32. Q/GDW 1274—2015 变电工程落地式钢管脚手架施工安全技术规范

33. Q/GDW 434.1—2010 国家电网公司安全设施标准 第1部分：变电

34. Q/GDW 11593—2016 劳动防护用品配置规定

35.《国家电网有限公司后勤保障 第1部分：重大活动保电》等3项技术标准（国家电网企管〔2020〕435号）

36.《国家电网公司输变电工程安全文明施工标准化管理办法》国网（基建/3）187—2019）

37.《国家电网有限公司基建安全管理规定国网》（基建/2）173—2019

38.《国家电网有限公司输变电工程安全文明施工标准化管理办法》国网（基建/3）187—2019

39.《国家电网有限公司关于全面实施输变电工程参建人员实名制信息化全程管控的通知》（国家电网基建〔2019〕108号）

40.《国家电网有限公司基建安全管理规定》国网（基建/2）173—2019

41.《国家电网公司电力安全工作规程》（电网建设部分）（试行）国家电网安质〔2016〕212号

42.《国家电网公司电力安全工作规程（电网建设部分）（试行）》（国家电网安质〔2016〕212号）